中国古建筑
照明设计与技术研究

杨自强 ◎ 著

北京工业大学出版社

图书在版编目（CIP）数据

中国古建筑照明设计与技术研究 / 杨自强著．— 北京：
北京工业大学出版社，2018.12（2021.5 重印）

ISBN 978-7-5639-6603-5

Ⅰ．①中… Ⅱ．①杨… Ⅲ．①古建筑－建筑照明－照明设
计－研究－中国 Ⅳ．① TU-092.2

中国版本图书馆 CIP 数据核字（2019）第 021957 号

中国古建筑照明设计与技术研究

著　　者：杨自强

责任编辑：刘卫珍

封面设计：晟　熙

出版发行：北京工业大学出版社

　　　　　（北京市朝阳区平乐园 100 号　邮编：100124）

　　　　　010-67391722（传真）　bgdcbs@sina.com

出 版 人：郝　勇

经销单位：全国各地新华书店

承印单位：三河市明华印务有限公司

开　　本：787 毫米 ×1092 毫米　1/16

印　　张：8.5

字　　数：190 千字

版　　次：2018 年 12 月第 1 版

印　　次：2021 年 5 月第 2 次印刷

标准书号：ISBN 978-7-5639-6603-5

定　　价：46.00 元

前　言

改革开放以来，随着市场经济的发展、人们夜生活时间的增加和旅游业的兴起，我国城市照明发展迅猛，成效显著。中国古建筑的照明也随之引起了社会各界，特别是广大照明工作者的高度重视和普遍关注。

古建筑照明是塑造城市夜晚形象的一种重要方式。自从十多年前，古建筑照明在我国大规模地兴起之后，便受到了特别的重视。各个地区和大小城市都不约而同地开展古建筑照明工程的建设，也出现了不少好的作品和项目，对展示城市形象、推动经济发展、丰富人民群众的生活起到了积极的作用。但总的看来，也还存在着相当普遍的问题，诸如夜景作品违背古建筑元素的原有创意思想、灯光照明扭曲古建筑元素形象、照明设施对古建筑产生破坏等，究其原因，主要的一点就是照明设计上的欠缺。所以，对照明设计的认识和重视是避免诸多负面问题，营造良好城市夜晚环境的根本所在。

笔者根据多年从事照明研究设计工作的经验撰写了本书，意在对古建筑照明设计中的一些问题进行探讨，并通过对照明工程各部分的分析，提出古建筑照明设计的方法。

本书共六章，第一章是中国古建筑照明概述，主要介绍了中国古建筑的建筑艺术、中国古建筑照明的历史演变与现状以及影响中国古建筑照明的因素；第二章是光的概述，阐述了光的基础知识、光度量的相关知识、光源发展历程与种类和光源的选择与应用；第三章是建筑照明灯具，包括灯具的发展简史、作用、特性、类型、设计、选择与布置；第四章是建筑照明手法，主要从轮廓照明手法和内透光照明手法两方面展开论述；第五章是中国古建筑照明设计，包括中国古建筑的特点、照明设计的特点和不同位置的照明；第六章介绍了照明光源对古建筑的影响，包括照明光源对古建筑中木材物质和油饰彩画两部分的影响。

由于笔者水平有限，书中肯定存在一些不足之处，恳请读者能够予以批评指正。

目　录

第一章 中国古建筑照明概述

第一节 中国古建筑的建筑艺术

建筑的发展基本上是文化史的一种发展。建筑是构成文化的一个重要组成部分，甚至有人这样强调"建筑是人类文化的结晶"。言下之意，建筑不仅是人类全部文化的一个组成部分，还是全部文化的高度集中。某一时代整个社会倾全力去建造的有代表性的一些重大建筑物，必然反映出当时最高的科学技术、文化艺术水平。要了解一种建筑形式、一个建筑体系，也就首先要了解和研究产生它的历史文化背景。中国古建筑体系几千年来都以木结构为主，空间的隔与透非常灵活，能以简单的个体组合成复杂多变的群体，它的造型因露明的木梁柱、斗拱以及其他构件而形成具有线条美的视觉效果，保护木构外表的油饰彩画则赋予建筑丰富的色彩美。

一、中国古建筑的类型

中国古代建筑总是以群体组合见长，无论是宫殿、陵墓、坛庙、衙署还是邸宅、佛寺、道观等都是众多单体建筑组合起来的建筑群，其中特别擅长运用院落的组合手法来达到各类建筑的不同使用要求和精神目标。人们对所在建筑群的生活体验和艺术感受也只有进入各个院落才能真正体会到。庭院是中国古代建筑群体布局的灵魂，沿着一条纵深的轴线，对称或不对称地布置一连串形状与大小不同的院落和建筑物，烘托出不同的环境氛围。建筑在平面的范围内拓展延伸，是一个水平向的尺度，建筑群的主体要在行走的过程中体验，就像在《阿房宫赋》里写的"五步一楼，十步一阁。廊腰缦回，檐牙高啄。各抱地势，钩心斗角"，人们在经受了这些院落与建筑物的空间艺术感染后，最终能达到某种精神境界——或崇敬，或肃穆，或悠然有出世之想，这是中国古代建筑群所特有的艺术手法。

中国的单体建筑因为形式、用途、性质的不同而分成许多类型，产生很多不同的称谓，如堂、殿、楼、阁、馆等。这些称谓各有所指，含义也各有不同。不过这种传统的建筑类型并不是按照同一标准来划分的，有的以形式为主，有的以用途为则，更有的是表示规模的大小。同一座房屋，因为用途的改变而其称谓也可随之改变；同一用途的房屋，因为选用不同的形式，叫法也随之改变。对于中国古建筑的类型有很多说法，唐代欧阳询在《艺文类聚》中将建筑分为三类：第一类为宫、阙、台、殿、坊；第二类为门、楼、橹、观、堂、城、馆；第三类为宅舍、庭、坛、室、斋、庐、路。这是"百科全书"式的分类法，不代表真正的建筑类型。李诫在《营造法式》的"总则"里提及的建筑类型只有宫、阙、殿、楼、亭、台榭、城七项，堂和殿属于同一类。现代建筑学家刘致平在他的《中国建筑类型及结构》一书中则将"单座建筑"划分为五类：①楼、阁；②宫、室、殿、堂；③亭、廊、轩、斋、馆、舫；④门、阙；⑤桥。

宫和室二字是最早使用的对房屋的通称，它们本来的含意是指用以住人和储物的空间，宫和室有过完全相通的解释。《尔雅》曰："宫谓之室，室谓之宫。"

堂和殿指的是高大的建筑物，称谓的来由出于对建筑物雄伟的一种赞叹。早期帝王的宫殿，既可称为堂，又可称为殿。南北朝后，逐渐把殿与堂区别开来。殿的社会等级和规模都高于堂，如南北朝宫殿中的主殿称为殿，配殿称为东堂、西堂；唐代以后，在宫殿中的称为殿，在衙署中的称为堂。堂的本意是台基，因为立于高大台基之上的必然是与之相配的高大建筑物，于是高大的建筑物就称为堂。后来对于一般的主体建筑多半称为堂，或者建筑物中的主要公共空间也称为堂，如厅堂、殿堂等。厅堂是园林的主体建筑，一般为聚会迎宾之所，帝王别苑中的殿堂是上朝听政和接见重臣使节的地方，较之私园中的厅堂更为宏大，但因其在园林中又比较灵活而富于变化。厅堂的位置往往设在离大门不远的主要游览线上，既是园林的主要景点，又是观赏园景的最佳之处。等到宫成为皇帝专用的建筑物的专称之后，宫和殿两个字就常常联系在一起。宫殿就是指皇帝所专用的建筑群，一般举行礼仪和办公用的主体建筑物都称为殿，生活起居部分则称为宫。除了皇帝专用的帝殿外，寺观的主体部分也可称为殿。殿除了是规模宏大的建筑物外，更主要的性质就是具有高贵、庄严和神圣的内涵。

一层以上的房屋称为楼，《说文》曰："楼，重屋也"，意即屋在垂直方向上再重复堆叠一次。虽然"楼阁"二字常常相连，但本来的含意并不相通，前者指多层房屋，后者为立于支柱上的构造。在多数情况下，阁楼的底层平面和上层平面在使用功能上不一样，支柱层所形成的是一个没有封闭的空间。楼阁一般多为体积较大的高层建筑，不仅是游人登高望远的佳处，同时也是园林最为突出的景观。

塔也是重要的景观建筑，是在东汉末年佛教传入中国后佛教思想在建筑中的体现。常见的塔可分为楼阁式塔、密檐塔、金刚宝座塔等。楼阁式塔可以登攀，密檐式塔则为实心建筑，不能登高。塔往往建造于曲水转折处或山之峰顶，以控形势，也暗含镇守一方保平安的吉祥寓意。

馆并不代表一类特定的建筑形式，《说文》的解释就是"馆，客舍也"。其基本含义就是为来客使用的建筑物，其后就成为一种"公共建筑物"的称呼，是园林中常用来接待宾客或临时居住的建筑。园林中供起居、宴乐、观眺、读书的建筑均可称馆，称谓较为随意。

在建筑形式上，有一类只有屋顶和支柱而没有墙壁的建筑物，最常见的就是亭和榭。"亭者，停也"。顾名思义，亭在最初是一种供人休憩、躲避风雨的场所，后经演变成为现在园林建筑中用于眺望和观赏的重要的园林建筑小品。园林中的榭不仅形式丰富，而且通过对各种设计手法的运用，与山水绿化结合起来共同组景，注重与自然环境的融合，是中国园林中最具代表性的建筑。

轩、斋、庐是类似于别墅的一类房屋的名称。轩本来是古代马车的一个部分，《园冶》一书言"轩式类车，取轩轩欲举之意，宜置高敞，以助胜则称"。古汉语中，轩字有高举飞升之意，作为一种建筑形式，轩多有轻盈欲飞的造型，且多置于高敞或临水之处，令人于下仰观似有升腾之感。斋是专心一意工作的地方，它其实并不代表任何一种形式的建筑，只是一种幽居的房屋。中国的文人喜欢称自己的书房为斋，只不过是表示自己专心向学而已。在园林中斋常作为修身养性的场所，多设于园林的僻静之处，常以叠石、植物进行遮掩，结构素雅，以营造一种幽静的环境。庐则是很早就有的房屋的通称。

园林中常用的建筑形式还有榭、舫、廊等。

榭多为临水建筑，一般都突露出岸，架于水上，结构轻巧，空间开敞。跨水部分由立于水中的石构梁柱支撑，其主要用于观赏水景。中国古代建于水边的观景建筑，战国时建于高台之上的敞屋被称为榭。榭从射，有军事建筑的意义，也有观赏的作用。秦汉时期的文献中多有"高台榭、美宫室""层台累榭"的记载。汉以后，随着高台建筑的消失，建于高台的榭就移到了花间水际，成为园林中供人休息的游观建筑了。水榭多从驳岸突出，以立柱架于水上，建筑多为单层，平面或方形或长方形，结构轻巧，四面开敞。临水的一面，常设座凳栏杆和弓形靠背，称为美人靠或飞来椅，供人凭栏而坐。舫是一种仿船形的建筑，又称不系舟，多建于池边或水中，是休息、宴饮、娱乐的场所。廊的建筑形式通透开敞、自然飘逸，不仅有联系园林中各种建筑物，给人停歇观赏、遮阳避雨的作用，而且为园林增添了美的景色，是中国园林中最富特色的建筑之一。附在主体建筑外侧的称廊庑；独立设置、连接各栋房屋的称游廊。廊子可以围成院落，组织观景路线，创造各种有趣味的空间环境，在宫殿、坛庙、寺观、园林、民居中使用很多，其中尤以园林中的廊形式最多。廊的个体形式，有单廊、复廊、暖廊等。单廊有的两侧开敞，有的一侧有墙，墙上常开窗，另一侧开敞，后者在唐宋时期的建筑群中使用较多。复廊很宽，中间砌隔墙，形成两条平行的单廊，隔墙上多开窗或门。暖廊是指带有隔扇或槛墙半窗的廊子。

台、桥、牌坊、墙垣等构筑物在园林中也经常使用。

台是最古老的园林建筑形式之一，早期的台是一种高耸的夯土建筑，古代的宫殿多建于台之上。古典园林中的台后来演变成厅堂前的露天平台，即月台。园林中的桥为了游赏的需要，造型变化丰富，艺术性较高。

牌坊是由华表演变而成的，华表柱之间加横梁即为牌坊，若在牌坊结构上加斗拱及屋檐则成为牌楼。园林中的牌坊和牌楼多为建筑群的附属建筑，通常坐落在建筑或院落的导入部分、道路的转折或桥头处。北方皇家园林中牌坊、牌楼的设置较为普遍，以显示皇家气派。

墙的应用更是广泛，建筑、建筑群、园林、城市都有墙的存在。园林中的墙，造型富于变化和装饰美，可用来分割空间、衬托景物或遮蔽不良景物等。以颐和园为例，园的外围有围墙，园内每组庭院建筑群几乎都有院墙，有时在庭院内部还筑墙作为必要的空间划分。玉澜堂、宜芸馆、乐寿堂以及长岛上临湖一带的围墙多做成白粉墙，有的墙面还有不同形状的什锦灯窗。夜晚来临，墙面的灯窗映透出的灯光在水面透射出变化万千的粼粼波光，为园林增添色彩。云会寺、善观寺的围墙均为红色，其他各处庭院的围墙均为粉白色，而颐和园的宫墙为黄褐色虎皮石墙。天安门的皇宫宫墙则都是采用浓重的红色墙面与黄色的琉璃瓦屋面搭配，塑造出厚重、威严、华丽、壮美的整体形象。

二、中国古建筑中的美学内涵

中国古代建筑艺术在封建社会中发展成熟，它以汉族木结构建筑为主体，也包括各少数民族的优秀建筑，是世界上延续历史最长、分布地域最广、风格非常显明的一个独特的艺术体系。中国古代建筑对日本、朝鲜和越南的古代建筑有直接影响，17 世纪以后，也对欧洲产生过影响。

和欧洲古代建筑艺术比较，中国古代建筑艺术有三个最基本的特征：①审美价值与政治伦理价值的统一。艺术价值高的建筑，也同时发挥着加强社会政治伦理制度和思想意识的作用。②植根于深厚的传统文化，表现出鲜明的人文主义精神。建筑艺术的一切构成因素，如尺度、节奏、构图、形式、性格、风格等，都是从当代人的审美心理出发的，为人所能欣赏和理解，没有大起大落、怪异诡谲、不可理解的形象，③总体性、综合性很强。古代优秀的建筑作品，几乎都是动员了当时可能构成建筑艺术的一切因素和手法综合而成的一个整体形象，从总体环境到单座房屋，从外部序列到内部空间，从色彩装饰到附属艺术，每一个部分都不是可有可无的，抽掉了其中一项，也就损害了整体效果。这些基本特征具体表现为以下三个方面：

1. 重视环境整体经营

从春秋战国开始，中国就有了建筑环境整体经营的观念。《周礼》中关于野、都、鄙、乡、闾、里、邑、丘、甸等的规划制度，虽然未必全都成为事实，但至少说明当时已有了系统的大区域规划构思。《管子·乘马》主张，"凡立国都，非于大山之下，必于广川之上"，说明城市选址必须考虑环境关系。中国的堪舆学说起源很早，除去迷信的外衣，绝大多数是讲求环境与建筑的关系。古代城市都注重将城市本体与周围环境统一经营。秦咸阳北包北坂，中贯渭水，南抵南山，最盛时东西达到二三百里，是一个超级尺度的城市环境。长安（今陕西西安）、洛阳（北魏）、建康（今江苏南京）、北京（明清）等著名都城，其经营范围也都远远超过城墙以内；即使一般的府、州、县城，也将郊区包容在城市的整体环境中统一布局。重要的风景名胜，如五岳五镇、佛道名山、邑郊园林等，也都把环境经营放在首位；帝王陵区，更是注重风水地理，这些地方的建筑大多是靠环境来显示其艺术魅力的，因此，我们在对古建筑做照明设计时的设计创意要立足于大环境，由宏观到微观，整体设计，只有这样才能与建筑群体统一协调。

2. 单体形象融于群体序列

中国古代的单体建筑形式比较简单，大部分是定型化的式样，孤立的单体建筑不构成完整的艺术形象，建筑的艺术效果主要依靠群体序列来取得。一座殿宇，在序列中作为陪衬时，形体不会太大，形象也可能比较渺小，但若作为主体，则可能很高大。例如，明清北京宫殿中单体建筑的式样并不多，但通过不同的空间序列转换，各个单体建筑显示了自身在整体中的独特风格。这里笔者主要是强调要在统一的大环境下分出主从关系，照明要表达的也是如此，要符合原有的古建筑的主次等级。

3. 构造技术与艺术形象统一

中国古代建筑的木结构体系适应性很强。这个体系以四柱二梁二枋构成一个称为间的基本框架，间可以左右相连，也可以前后相接，又可以上下相叠，还可以错落组合，或加以变通而成八角、六角、圆形、扇形或其他形状。屋顶构架有抬梁式和穿斗式两种，无论哪一种，都可以不改变构架体系而将屋面做出曲线，并在屋角做出翘角飞檐，还可以做出重檐、勾连、穿插、披搭等式样。单体建筑的艺术造型，主要依靠间的灵活搭配和式样众多的曲线屋顶表现出来。此外，木结构的构件便于雕刻彩绘，以增强建筑的艺术表现力。因此，中国古代建筑的造型美，很大程度上也表现为结构美。

中国古建筑体系几千年来都以木结构为主，空间的隔与透非常灵活，能以简单的个体组合成复杂多变的群体。距今已有600多年历史的北京紫禁城更是以其高超的空间组织艺术举世瞩目。若按原有的布局，从永定门算起，入正阳，度中华，过两厢千步之廊，越金水桥，进天安门、端门、午门和太和、中和、保和三殿，再进乾清门，经后朝乾清、交泰、坤宁三宫，步御花轩，出神武、登景山，极万春之亭，放眼北阙，鼓楼、钟楼在望，回首南向永定门楼已在隐约朦胧之中，这是一个长达八公里、全由殿堂宫楼连成的庭院序列空间轴线，其中屋宇参差错落、空间虚实变化、衬比映掩，高潮迭起，气象万千，一种严整而庄重的"气势"扑面而来。总的说来，中国古代建筑的群体美学追求空间形态的层次性、连续性和整体性，以一个简单的基本空间单元在量上做无限的集结这一基本手法体现了寻求整体的完整与变化的精神。间、院、街、城为传统建筑空间的几个主要层次，形成了包括内部空间、外部空间、自然景物在内的建筑—城市—景观这一空间领域。在这里，建筑都很少各自孤立地成为一个建设项目，而是作为一个不可分割的空间整体而存在的。

在建筑单体形象中最为突出的就是曲线形屋顶，屋顶在单座建筑中占的比例很大，一般可达到立面高度的一半左右。古代木结构的梁架组合形式，很自然地可以使坡顶形成曲线，不仅坡面是曲线，正脊和檐端也可以是曲线，在屋檐转折的角上，还可以做出翘起的飞檐。巨大的体量和柔和的曲线，使屋顶成为中国建筑中最突出的形象。屋顶的基本形式虽然很简单，但却可以有许多变化。例如，屋脊可以增加华丽的吻兽和雕饰；屋瓦可以用灰色陶土瓦、彩色琉璃瓦以至镏金铜瓦；曲线可以有陡有缓，出檐可以有短有长，更可以做出2层檐、3层檐；也可以运用穿插、勾连和披搭方式组合出许多种式样；

还可以增加天窗、封火山墙，上下、左右、前后形式也可以不同。建筑的等级和风格，在很大程度上就是从屋顶的体量、形式、色彩、装饰、质地上表现出来的。

古代建筑在用色上也很有特色，色彩大胆、强烈。绚丽的色彩和彩画，首先是建筑等级和内容的表现手段。屋顶的色彩最重要，黄色（尤其是明黄）琉璃瓦屋顶最尊贵，为帝王特准的建筑（如孔庙）所专用，宫殿内的建筑，除极个别特殊要求的以外，不论大小，一律用黄琉璃瓦。宫殿以下，坛庙、王府、寺观按等级用黄绿混合（剪边）、绿色、绿灰混合。民居等级最低，只能用灰色陶瓦。主要建筑的殿身、墙身都用红色，次要建筑的木结构可用绿色，民居、园林杂用红、绿、黑等色。梁枋、斗拱、椽头多绘彩画，色调以青、绿为主，间以金、红、黑等色，以用金、用龙的多少与有无来区分等级。

清官式建筑以金龙合玺为最荣贵，雄黄玉最低。民居一般不画彩画，或只在梁枋交界处画"箍头"。园林建筑彩画最自由，可画人物、山水、花鸟。台基一般为砖石本色，重要建筑用白色大理石。色彩和彩画还反映了民族的审美观，首先是多样寓于统一。一组建筑的色彩，不论多么复杂华丽，总有一个基调，如宫殿以红、黄暖色为主，天坛以蓝、白冷色为主，园林以灰、绿、棕色为主。其次是对比寓于和谐。因为基调是统一的，所以总的效果是和谐的。虽然许多互补色、对比色同处一座建筑中，对比相当强烈，但它们只使和谐的基调更加丰富悦目，而不会干扰或取代基调。最后是艺术表现寓于内容要求。例如，宫殿地位最重要，色彩也最强烈；民居最普通，色彩也最简单。

第二节 中国古建筑照明的历史演变与现状

一、中国古建筑照明的历史演变

中国古建筑的照明是伴随着中国古建筑的发展而不断演变的。根据中国古建筑照明的具体情况，其分为两个发展阶段：一是古代封建社会建筑照明；二是当代古建筑照明。

（一）中国古代封建社会建筑照明

随着先秦至隋唐时期封建社会体制的建立和成熟，建筑受社会和文化的影响逐渐增加。为了迎合宗法和礼制的需要，建筑的秩序感得到强化，就城市范畴而言，里坊制度不断健全，城市布局越来越严谨。随着城市生活的不断形成，夜间的娱乐活动成为人们生活的一部分，但在当时的历史条件下是受到一定的限制的，政府实行了宵禁，但同时每年会在正月十五的那几天取消宵禁，人们可尽情狂欢，也就是上元节的出现。它又称"灯节""元夜""元夕"等。夜幕来临，无论城市乡村，南方北方，街上院内，到处张灯结彩犹如白昼。人们扶老携幼，涌向街头，观彩灯，猜灯谜，放烟火，听音乐，看杂耍，热闹非凡。这也是最初的古建筑进行的有意识的照明形式。正如唐代诗人薛能所写的《影灯夜二首》：

"偃上灯塔古徐州，二十年来乐事休。此日将军心似海，四更身领万人游。十万军城百万灯，酥油香暖夜如焞。红妆满地烟光好，只恐笙歌引上升。"从诗词中便可得知古人对建筑的观赏性照明已经很重视，同时也能感受到古代热烈闹的夜景氛围。

宋朝是我国经济、政治、文化等领域得到重大发展的时期，随着商品经济的发展，市墙和坊墙均被拆除，随着宵禁制度的放宽，市的启闭也不再由官方统一规定时间，出现了夜市，夜间成了人们活动的主要时间段，宋人有了夜生活。同时建筑外部空间的照明也成了体现商业气氛的重要手段。宋朝的城市不像唐朝的城市一到黑夜就一片黑暗了，正如宋话本《赵伯升茶肆遇仁宗》中描述的那样"城中酒楼高入天，烹龙煮凤味肥鲜，"这些酒楼在夜间呈点状式的排列点亮了宋朝的城市。宋城在黑夜里是灿烂的光明之城。因此在夜晚整个城市都在闪烁。正如辛弃疾的《青玉案·元夕》所描述的那样："东风夜放花千树，更吹落、星如雨。宝马雕车香满路。凤箫声动，玉壶光转，一夜鱼龙舞。蛾儿雪柳黄金缕，笑语盈盈暗香去。众里寻他千百度，蓦然回首，那人却在，灯火阑珊处。"此时的建筑外部空间照明已经自发地形成了一定的规律以满足市民的需求。

进入明清时期，建筑外部空间的组织综合了隋唐的布局严整和宋代的自由灵活，外部空间更加贴近人的行为尺度，干道和住宅区内的划分在组织层次上依然十分明确。外部空间由单纯追求某一特定场所的空间尺度向多空间、多层次的递进组合方向转变。外部空间照明也随之发生了转变，由定向的空间照明向多层次的空间转变，由单一的形式向复合式的方向发展，这一点多体现在街道的外部空间照明上。如明代北京的灯市在东城灯市口，元宵夜，街道两旁列市，上至珠宝玉器，下至日用百货，一应俱全，并有茶楼酒肆供游人饮宴作乐。各铺户俱张挂绢纱、烧珠、明角、麦秸、通草制成的各式花灯，供人观赏。到了清代，灯市遍布整个北京城。进入清朝末期，中国的电光源时代的来临大大地冲击了火光源时代的中国，建筑外部空间照明从此进入另一个新的时代，外部空间中的公共领域成为人们尝试使用电光源的重要场地。

（二）当代中国古建筑照明

现代建筑严重冲击着中国传统建筑的发展，经历了战争的摧残和现代建筑的疯狂建设，在中华大地上，遗留下来的古建筑寥寥无几，古建筑照明设计的形式多种多样，设计师在不断地探索适合中国古建筑照明设计的正确思路。就目前的案例来说，存在着通体打亮，反映庄严肃穆的宫殿式的照明；勾轮廓，反映建筑轮廓的剪影式的照明；屋顶洗亮，檐下重点照射斗拱与彩画的重点照明。这些照明形式是人们从现代建筑的照明经验中总结出来的，随着古建筑照明的不断发展，照明方法与形式会不断地完善。

通过对中国古建筑照明的历史演变进行分析我们不难发现，封建社会时期，根据当时的社会经济与技术情况，人们对建筑的装饰性照明并没有进行过多的修饰，建筑照明只不过是建筑内部与外部功能性照明与人们风俗习惯的需求的产物。而现代人对古建筑照明的需求更多地体现在对古代人们生活方式的一种还原与对传统文化的继承上。

二、中国古建筑照明的现状

今天，古建筑照明的设计有了很大的发展，我们可以借鉴它们成功和有效的手法，摈除它们在设计中的不合理之处，并进一步完善需要改进的地方。只有在现状的基础上不断修正，才能为古建筑照明设计提供一个更为合理的设计思路和技术要求。下面笔者以部分古建筑照明进行分析。

（一）天安门广场

饱经 600 余年风雨沧桑的天安门广场是当今世界上最大的城市广场。它不仅见证了中国人民一次次要民主、争自由，反抗外国侵略和反动统治的斗争，更是共和国举行重大庆典、盛大集会和外事迎宾的神圣重地。

新中国成立后的天安门广场经历了三次大规模的改、扩建，使古老的广场更加宏伟壮观，成为中华民族凝聚力和祖国繁荣昌盛的象征。

自新中国成立以来，天安门广场的照明经过了多次改造，尤其以 1999 年新中国成立 50 周年及 2003 年的照明改造最为全面和彻底。经过多次改造和不断完善，天安门广场的照明基本上达到了总体规划的要求。

【设计思想】

①通过构筑各建筑物之间在照明亮度上的梯度，整个广场形成有机统一的整体；②对于华灯等固定照明设施，单体上看是一些亮点，整体上看又形成有规模的光链，所以被照明的建筑物要成为它们的依托背景，做到互相映衬，周边建筑起围合聚拢作用，华灯又能调节宽敞空旷的广场气氛；③建筑物照明效果能够对节日里色彩缤纷的广场元素形成规控，同时，各建筑物又成为耐人欣赏的灯光景观；④通过照明强化表现各围合立面在构造上的共同点，如各建筑缘口上由琉璃瓦形成的横向线条、各立面上的柱廊等，均应统一表现，形成维系广场共性的纽带；⑤突出广场的照明效果；⑥着力塑造中心构筑物的灯光景观形象；⑦强化广场东西两侧的均衡性。

【灯具应用介绍】

天安门城楼红墙采用 1000W 加 400W 普通金属卤化物灯及高压钠灯照明；

金水桥采用 T5 荧光灯照明及泛光灯照明；

人民英雄纪念碑基座采用 T5 荧光灯照明；

国旗杆及基座采用 T5 荧光灯及小功率投光灯照明；

观礼台采用发光二极管（LED）轮廓灯照明。

（二）西安曲江池遗址公园

曲江池是西安著名的历史遗迹，秦朝时就有了很大的规模，曲江为皇家园林，是长安城著名景点，为再现曲江池的动人景色，西安市政府近年来对西安曲江池遗址进行了大规模的恢复建设。建成的曲江池遗址公园是集历史文化保护、生态园林、山水景观、休闲旅游、民俗传承、艺术展示为一体的开放式城市生态文化公园。它由知名建筑设计大师张锦秋院士担纲总规划设计，总占地面积1500亩（1亩≈666.67平方米），恢复汉唐曲江池水系700亩，再现了曲江地区"青林重复，绿水弥漫"的山水人文格局。建成后的曲江池遗址公园与周边的曲江寒窑遗址公园、秦二世陵遗址公园、唐城墙遗址公园等，形成1500亩的城市生态景观。

【设计说明】

通过对光与影相生相合的特性的合理把握，在夜晚营造出杜甫诗句中所描写的曲江池"菖蒲翻叶柳交枝，暗上莲舟鸟不知。更到无花最深处，玉楼金殿影参差"的独特景致。在具体的设计上，采用了以绿化、水岸照明为映衬，主要景点建筑照明点睛的手法。分级别、分层次地运用灯光，使整个景区在夜间呈现出气势恢宏，浓淡有致的灯光效果。

园内的古建瓦面选用的是LED小体积投光灯具（F1002型号），采用稳压定电流技术，不因同一回路中某个或几个LED短路而使本回路中其他LED所载电流增大，应保证电流恒定不动为其正常最佳工作电流，以保证LED寿命及高光输出并可减少LED光衰。大功率超高亮度LED要能保证在10000小时时光衰10%（光输出维持率达90%），50000小时光衰30%（光输出维持率达70%）。因此在使用上更安全，更可靠。而且和传统光源相比较，其结构坚固，没有钨丝、玻壳等容易损坏的部件，具有极高的抗震性能，不含汞、铅等有害物质，没有污染，绿色环保。

【灯具应用介绍】

LED投光F1002。

（三）青岛千佛山公园

济南千佛山公园，与趵突泉、大明湖合称济南三大名胜。千佛山位于济南市区南部，海拔258米，占地166公顷，为济南三大名胜之一。东西横列，奇伟深秀，从远处望去，犹如一架巨大锦屏。古称历山，隋代于此开凿佛像后，改称千佛山，沿袭至今。隋开皇年间，依山势凿窟，雕佛像多尊，并建千佛寺，渐有千佛山之称。千佛山是泰山余脉。距今5亿年前，济南地区为海域，1.8亿年前，发生了燕山运动，沉积的石灰岩跟泰山一起上升，造成了巨大穹窿构造，于是形成了千佛山。千佛山历史悠久，有着深厚的文化底蕴。新中国成立后，千佛山于1959年辟建为公园。近年来，千佛山公园有了长足的发展，先后增添了桃花园、游览索道、瀛芳园、奇能滑道、十八罗汉、卧佛、高尔夫球场、观音园、石图园、梨园、瀑布等景点，逐渐发展为一处融历史、文化、风景、佛教于一体，服务功能齐全，规模宏大的旅游胜地。

【设计思想】

这次设计是针对千佛山公园南门和北门的照明亮化。南门风格是仿唐建筑，较大的屋面流线，多层次的斗拱相叠，结构对称，形态优美、大方。对其结构特征和文化表象的分析，既要显现出建筑物优美的轮廓，又要尽可能展现其特点。

大面积流线型灰瓦屋面是整个照明设计亮化的重点，沿屋面上层轮廓线，均匀排布 LED 灯串，将不同层次的屋面轮廓加以点缀，LED 单颗发光角度 90°，可以保证不同视角的灯光效果，充分地将中国古建筑的造型美展现在世人面前；在屋面瓦片阴面上间隔 1 m 左右，安装一个专为古建筑屋面照明设计开发的，加装 10° 透镜，单颗功率 3 W 的大功率 LED 投光灯（F1012）。灯具的安装方式针对中国古建筑的瓦片尺寸及结构设计，在不破坏建筑结构的同时展现建筑屋面的明暗光影变化。

北门的牌坊中结构小巧、精致的地方则采用了 1 W 模组 MD1004 进行照射，它体积小，便于隐藏。通过对建筑物的轮廓及关键部位的清晰勾勒和突出，以及对照明层次感和立体感的营造，可以充分展现古建筑的文化内涵和艺术风格。

【灯具应用介绍】

LED 灯串 XS1018；LED 投光灯 F1012；LED 模组 MD1004；LED 投光灯 F1002。

（四）西安古城墙

西安古城墙内外保存完整，旅游资源开发蓬勃，形成以人文古迹为特色的东、西、南、北四条辐射线。西安城墙是明太祖朱元璋洪武三年在隋唐"皇城"的遗址上历经八年扩建而成的，是我国现存规模最大、保存最完整的古代城池建筑。

西安城墙建于明洪武年间，以公元 6 世纪时隋唐皇城墙为基础扩展形成。古城墙上每隔 120m 有一座 12 m×20 m 的突出部，称敌台，每座敌台上建有屯兵敌楼一座。城四隅各建角楼一座。东、西、南、北垣各建城门一座，分别为东长乐门、西安定门、南永宁门、北安远门。各城门外均建有护门瓮城，瓮城上建有城楼、箭楼各一座。瓮城外临内侧护城河岸，建有控制"吊桥"的闸楼一座，孔庙旁侧城顶建有魁星楼一座，城墙顶面以三层大砖墁砌，称海墁。海墁外沿建垛墙，全城共有垛口 5984 个，内沿建女儿墙。

1. 城墙之上建筑物景观照明设计

南门古城墙上建筑物包括城楼、闸楼及两侧敌台，该部分建筑物既是中国古代建筑文化的全面表现，又是南门古城墙标志性的建筑，整体特点均系多层面秦汉风格楼台建筑，青砖灰瓦、雕梁画栋，尽管年代久远，但依然保存完整，屋面飞檐气势轩昂大气。

该部分城上建筑照明设计，在古建筑照明"保护和利用"原则的前提下，选用绿色、环保节能的 LED 光源，来体现多层次丰富的立体感，通过对屋面、屋檐及部分青砖立面的投光辅以镂空窗棂内部的内透光，体现整个建筑的立体层次。

①大面积流线型灰瓦屋面是整个照明设计亮化的重点，沿屋面上层轮廓线，均匀排布 LED 灯串，将不同层次的屋面轮廓加以点缀，LED 单颗发光角度 90°，可以保证不同视角的灯光效果，充分地将中国古建筑的造型美展现在世人面前。

②在屋面瓦片阴面上间隔 60 cm 左右，安装一个专为古建筑屋面照明设计开发的，加

装 10° 透镜，单颗功率 1 W 的大功率 LED 投光灯（F1002）。灯具的安装方式针对中国古建筑的瓦片尺寸及结构设计，在不破坏建筑结构的同时展现建筑屋面的明暗光影变化。

③不同层次屋面的宽度不一，在不同屋面的外沿口阴阳瓦的凹处，根据屋面宽度的不同，设计 15° 发光角度，单颗功率数 1 W 的大功率 LED 投光灯，色温 5500 K，体现作为古代防御体系的百年沧桑，将屋面整体照亮，从下而上光线逐渐减弱，充分发挥灯光的递减功能，使夜晚的屋面更加突出。

①、②、③三种设计方案可分回路控制，以满足不同时段的效果需要。

屋檐下部结构层次丰富的斗拱，作为古建筑的承重结构，也为照明提供了丰富的展示空间，通过镶嵌其中的小型 LED 投光灯自下向上投光，将斗拱底部主要受光面用灯光表现出来，加强了建筑的结构美感。城上建筑的照明设计，为体现建筑的历史感和沧桑感，在光色选择上选用白和琥珀两种光色。

2. 城墙之景观照明设计

①城顶内侧墙也称宇墙，外侧墙也称垛墙。宇墙高 0.75m，厚 0.45m，垛墙高 1.75m，厚 0.51 米，垛与垛之间有 0.6m 的缺口，称垛口，是为瞭望或射击而设。西安城墙共有垛口 5984 个。垛口部分因墙体较为厚实，为整体体现垛口的立体感，原有美耐管勾边，使载体在夜空下显得单薄空洞。本次设计为体现古城墙作为军事防御体系的稳固、雄伟、宽阔，使灯光成为古建筑历史的嘴，叙述历史的变迁与文化。选用高亮度 LED 专案投光灯，将垛口两侧立面的黄光反映出来，同时利用灯光与夜幕背景的对比将垛口灯光立体展现在游人的视野中，从不同的视角展现了不同的线、面结合。LED 体积小巧，做到了极好的灯光装置的隐藏。

②垛口下部的出水口，在设计中采用了下打式 LED 照明，一来可使整个出水口在夜幕下绽入出幽蓝的色彩，与夜晚的天空有机地结合；二来可通过孔中的光线弥补城墙上走道的引导光，给主夜间在城墙上漫步的人们引导方向，增加一丝古城墙的神秘感。

【灯具应用介绍】

LED 投光灯 F1114；LED 模组 MD1004；LED 投光灯 F1002。

（五）丹阳万善塔

位于丹阳市万善公园中的万善塔，初称万寿塔，建于明崇祯十年。距今有三百六十多年的历史，从古运河畔拔地而起，直指苍穹，巍然屹立，雄奇挺拔，因而又有通天塔之称。全塔高有 48.6m，塔身外八角形，内室为方形，上下交错。塔檐由数层砖块叠涩，下出木椽，斗拱承托，铎铃悬挂，充分体现了明代古塔的建筑风格。塔体自下而上逐渐收缩，塔顶安置瘦长铁制塔刹。这在全国数百座古塔中堪称一绝，所以，它又赢得了"古运河畔第一塔"的美誉。经丹阳市人民政府对万善塔进行修缮，其充满勃勃生气。

【设计思想】

万善塔诠释了明代古塔的特点，作为中国古建筑文化的全面表现，又是丹阳市的标志性建筑。所以在灯光设计上以"保护和利用"原则的前提下，选用绿色、环保节能的高亮度 LED 光源，替换现有的传统投光灯具。不仅可以减少传统灯具对古建筑表面紫外线的损伤，还可以体现古塔的"立体通透"感。古塔位于万善公园中，周围环境较暗，与周围的建筑距离较远，所以有很好的远观视野。采用对屋面、屋檐及塔顶的不同灯光处理手法，可以让整个建筑的立体层次更清晰，使夜晚的古运河畔呈现出一幅绚丽的画面。

1. 宝顶灯光设计分析

塔顶冠部是全塔的形象，作为艺术处理的顶峰，万善塔设计建造者尤其注意装饰。其顶部丰富的装饰突出表现了塔的艺术形象。

①由于塔顶的体积较小，因此灯具应有良好的隐藏性，满足见光不见灯的要求。

②充分体现宝顶的层次感和质感，将莲座、华盖和攒尖等结构充分地表现出来。选用 MD1004 1W 模组，将宝顶的凹凸层次表现出来。

2. 塔身部分设计分析

为体现万善塔塔身的优美线条，同时配合不同场景的变化的要求，在塔身采用 LED 灯串 XS1018 进行勾勒瓦檐，LED 投光灯 F1002 和 F1113 安装在瓦面上，用于投光瓦沟。

3. 檐下部分设计分析

①传统建筑屋檐下是承重结构，为了支撑屋檐较大的出挑，古建筑工匠经过几千年的经验积累，发明了轮廓优美的斗拱。为了保护斗拱又饰以油饰和彩绘，夜晚斗拱彩绘在灯光照射下具有丰富的色彩和斗拱的特殊美感。

②LED 灯具由于在体积、工作温度上的优势，因此在层层叠叠的斗拱处能起到安全、见光不见灯的重点照明作用。

【灯具应用介绍】

LED 投光灯 F1113；LED 模组 MD1004；LED 投光灯 F1002；LED 灯串 XS1018。

（六）西安贞观广场

贞观文化广场项目是曲江大唐不夜城项目的核心组成部分，更是曲江文化产业品牌项目的灵魂所在，它总占地面积约 96 亩，总投资约 10 亿元，由西安音乐厅、曲江电影城、陕西艺术家展廊、西安大剧院四栋仿唐的单体建筑和周边的陕西民间艺术馆、陕西文学馆及一个中心广场组成。按国际一流水准设计、建设的贞观文化广场建成后和其他场馆一起形成了一个令人震撼的西部文化项目矩阵，继而为广大市民提供了一个高品质的城市文化活动平台。西安大唐不夜城贞观文化广场，传承了一种文化，宣扬了一种精神。

【设计思想】

这次设计是针对广场主体的照明亮化。风格是仿唐建筑，较大的屋面流线，多层次的斗拱相叠，结构对称，形态优美、大方。对其结构特征和文化表象的分析，既要显现出建筑物优美的轮廓，又要尽可能展现其特点。大面积广场墙面是整个照明设计亮化的重点，沿广场墙面，均匀排布 LED 投光灯，完美地呈现了不同层次的墙面，LED 灯具的全彩变化为主体赋予了新的生命，旋律多彩的光效充分地将中国古建筑的造型美展现在世人面前。另外，通过对建筑物屋尖的清晰勾勒和突出，以及对照明层次感和立体感的营造，可以充分展现古建筑的文化内涵和艺术风格。

【灯具应用介绍】

LED 投光灯 F1003；LED 投光灯 F1016；LED 投光灯 F1005；LED 投光灯 F1008。

（七）西安龙虎山庄

餕延安龙虎山景区位于将军故里——陕西省延安市子长县县城西南角，东起青云山，途经寨则山，南至七楞山，长 2100 m，宽 800 m，占地约 168 公顷，目前完成或正在建设的景点有门山、玉帝庙、望川亭、将军纪念园、停车场、青云寺、条石大道、鹊桥、农家小院、天池、瑶池阁。

【设计思想】

延安龙虎山景区照明设计采用传统光源和大功率 LED 光源有机结合的照明手法，不仅可以满足功能性照明的亮度需要，还体现了局部美化的效果，使整个景区在夜间显得端庄华丽、层次分明。

【设计说明】

景区主要古建筑采用琥珀色光 LED 瓦片灯打亮屋面，次要古建筑采用琥珀色光 LED 灯串勾勒屋檐，古建筑的结构部分采用白色 LED 投光灯装饰，这样通过照明手法和光色的变化可以展现古建筑夜间的层次感。景区环境光采用传统光源和 LED 重点装饰相结合的照明方式，LED 起到了画龙点睛的作用。天梯部分采用白色大功率 LED 点光源和投光灯装饰照明方式，很好地连接了景区山上、山下的景点，使整个景区在夜间上下呼应，浑然一体。

【灯具应用介绍】

LED 投光灯 F1002；LED 投光灯 F1114；LED 模组 MD1004；LED 灯串 XS1018。

（八）宜兴云溪楼

宜园不仅是团氿风景区的重要组成部分，更是宜兴市"一山一水工程"的重要组成部分，是新世纪、新宜兴的一个标志性工程。云溪楼位于宜园"渤海湾"中伸出的"朝鲜半岛"。三面环水，一面泾桥通向公园，是该园的主景建筑。

【设计思想】

设计夜景观可以延续古建筑在白天的美感，在夜间加以强调，体现出极富层次的轮廓感，表现建筑细腻结构上的美感。我们希望这个唐朝的古建筑在夜间是含蓄而富有内涵的，而不是都市里随处可见的喧闹与繁华……

【设计说明】

从总体的 LED 亮度分布情况分析，体现每个层次的光影变化，对于建筑细部的理解以及小体积的照明装置非常重要，共分五个明暗层次，将云溪楼的层次极好地展现出来，由明至暗依次是最高层次的宝顶、每层屋顶轮廓线、每次的斗拱、每层屋面以及每层走廊处栏杆。

【灯具应用介绍】

ED 投光灯 F1002；LED 模组 MD1004。

对古建筑的夜景设计与现代建筑的夜景设计不同，它是在已存在的建筑体上加载新的设施，出于保护文物古迹的目的，照明设计受到很多现有条件因素的限制。总的来说，现有的古建筑照明设计进步发展的速度很快，不仅越来越关注对古建筑的保护，设计上也比以前要人性化了很多，这些都是我们在今后的设计中需要进一步加强的，但由于在这一方面我们国家起步较晚，对它的研究还没有系统化、规范化，因此仍然存在一些不足，这既包括技术上的不足，也包括设计思想上的不足。设计思想上的不足主要体现在创意构思方面，要想通过景观照明再现古建筑的文化韵味并不容易，这还需要对古代建筑文化进行了解、理解，并能通过光进行再创造。

第三节 影响中国古建筑照明的因素

影响中国古建筑照明的因素主要包括显性的表达因素与隐性的反映因素，显性的表达因素是客观的体现，主要包括古建筑受文物保护法律法规的影响、受建筑材料的影响等。隐性的反映因素是主观的体现，多体现在社会、文化与情感等方面。

一、显性的表达因素

（一）文物保护法律法规的影响

中国的古建筑包括文物建筑、历史建筑、历史地段和历史街区。文物建筑在法律上有比较明显的概念界定，特指那些有重要的历史文化价值，经过政府公布为文物保护单位的建筑。正是由于文物建筑的不再生性，所以在对其进行修缮和利用的时候，都有比较严格的规定。诚然在对其进行外部空间照明时也在这样的规定范围之内。历史建筑主要是指那些具有一定历史意义的建筑，它的涵盖范畴相对比较广泛，历史建筑的价值在于永续的利用，这正好与当代的旅游开发结合了起来。所以历史建筑的照明是我们经常会遇到的设计任务。历史地段是指保留依存内容相对丰富的，文物建筑和历史建筑以及传统的风俗习惯保存相对集中的区域。历史街区则是指出现在现代城市生活中的文物建筑、历史建筑，能比较清晰地反映城市历史文化脉络的典型街区，它是历史地段的重要部分。所以这部分区域是城市照明建设工程重点表现的区域，因为它们承载着城市的过去和人们的回忆。

我们对古建筑的概念及范畴有了比较清晰的认识，这样对古建筑的照明设计就有了比较清晰的思路。古建筑照明设计必须遵循文物保护法的各项法律法规。《雅典宪章》提出的关于古建筑保护的内容为：有历史价值的古建筑均应妥为保存，不可加以破坏。《马丘比丘宪章》认为，城市的个性和特性取决于城市的体型结构和社会特征。因此不仅要保存和维护好城市的历史遗址和古迹，还要继承一般的文化传统。一切有价值的说明社会和民族特性的文物必须保护起来。《雅典宪章》和《马丘比丘宪章》是在国际上具有一定指导意义的保护古建筑的法规。《中华人民共和国文物保护法》第二十六条规定：使用不可移动文物，必须遵守不改变文物原状的原则，负责保护建筑物及其附属文物的安全，不得损毁、改建、添建或者拆除不可移动文物。

（二）建筑材料的影响

在对中国古建筑照明时必须考虑到古建筑的不可再生性，必须考虑灯光对建筑材质的影响，通过实验将灯光对古建筑的材料影响降到最低。中国古建筑的材料包括石材、油饰彩画、琉璃等。

1. 石材

在中国古建筑中石材材质运用的相对较早，春秋时期随着开采工具的发展而不断扩大使用规模，秦汉以后被大量普及。我国古建筑中常用的石材材质是青白石、大理石、花岗石、花斑石、青砂石等，主要用于雕刻、台基、铺地、用于观赏的景观石、仿木结构的石牌坊、石桥或陵墓等大型建筑。由于灯光种类的不同，如何选择灯光、采用什么样的照明方式对石材的保护至关重要。

中国古建筑中的石构件蕴含了珍贵的历史信息，由于受自然风化、人类活动和环境污染的影响，其表面腐蚀或剥落。由于灯光具有一定的温度，长期照射同一部位势必会对石材产生一定的化学反应，加速风化效果。所以我们在对古建筑的石质构件进行装饰照明的时候，一定要采取一定的防护措施，以免对文物造成伤害。

2. 油饰彩画

我国古建筑以木结构体系为主，其产生和发展可以追溯到几千年前。木材是生物材料，因此，木结构与木质文物存在着木材所具有的弱点，主要是易腐和易燃，从而缩短了木材的使用寿命。为了延长古建筑的使用寿命，可以将油漆涂于建筑表面，形成一定的保护膜。但由于多年的日晒雨淋、大气污染，如今古建筑表面也暗淡无光。

为了提升中国城市夜间的形象，人们开始对古建筑进行人工照明，人工照明若设计不当，照明中的光效应与热效应势必会对古建筑中的油饰彩画造成破坏。光是一种电磁辐射形式，它可以划分为不同范围的紫外线（200~400 nm），包括短波紫外线、中波紫外线、长波紫外线。红外线（>700 nm）包括近红外线、中红外线和远红外线。对油漆彩画影响最大的是光辐射中的紫外线和红外线。照明光源紫外线辐射能量比自然光中紫外线辐射能量要高，对油漆彩画的破坏也更直接。

3. 琉璃

琉璃是中国古代的一种瓦构件，呈金黄色，多用于建筑屋顶与墙面，因其特点被统治者规定只能出现在皇家建筑中。琉璃构件起于汉代，至宋代成熟，至元明清时期开始大量普及。现存的皇家建筑还保留着琉璃瓦、琉璃照壁等构件。随着时间的推移，琉璃构件越来越脆弱。因其珍贵，所以我们在做照明设计时因考虑到其不可再生性，避免对其造成更大的伤害。

二、隐性的反映因素

（一）社会因素的影响

影响中国古建筑照明的社会因素主要包括夜间社会经济活动与夜间社会文化活动。

1. 夜间社会经济活动的影响

影响中国古建筑照明的主要社会因素按其经营内容可分为餐饮业、服务业，按其经营范围大小可分为摊点式、门面式，按其经营模式可分为流动式和固定式。

餐饮业和服务业主要的服务对象是人，而且人的流动性很强，所以这类建筑照明大多去营造色调比较暖且光照强度较大易引人注目的氛围。同时这类建筑的照明也是城市照明的主要组成部分。

摊点式与门面式的夜间经济活动应从整个街区的照明构架中去考虑，摊点式的夜间活动呈点式排列在整个街区中，同时点式照明的发散性使点构成了带有一定节奏感的线性照明，同时门面式的夜间经济活动构成了建筑立面的照明，所以在整个街区的外部空间照明中点、线、面相互交融，共同构筑了整个街区的夜间形象。

流动式和固定式的夜间经济活动是相互依存的关系，假如固定式的照明是银河，那么流动式的照明便是银河中闪烁的星辰，体现出了建筑照明的趣味性。

2. 夜间社会文化活动的影响

在中国有很多重要的传统节日，如上元节，人们俗称元宵节、灯节。按中国民间的传统，在这皓月高悬的夜晚，人们出门赏月、燃灯放焰、喜猜灯谜、吃元宵，合家团聚、同庆佳节，其乐融融。

人们进行活动的区域范围是古建筑的外部空间,在这部分区域内人们进行着各种活动,如对古建筑外部空间的照明欣赏、用灯光去寄托人们的一种精神等。同时这个节日中的猜灯谜是中国出现最早的灯光互动的形式。人们通过灯光达到人与人或人与物的一种交流。

如果说上元节的主角是灯光,那么中秋节的主角便是月光,中秋一词,最早见于《周礼》。到唐朝初年,中秋节才成为固定的节日。因中秋节的主要活动都是围绕"月"进行的,所以又俗称"月节""月夕""追月节""玩月节""拜月节"。中秋节的盛行始于宋朝,至明清时,已与元旦齐名,成为我国的主要节日之一。

中秋节的月光与中国古建筑夜间的形象更能体现中国人传统的文化情境,如内敛、含蓄、幽静等。唐朝张若虚在《春江花月夜》中写道:春江潮水连海平,海上明月并潮生。滟滟随波千万里,何处春江无月明!江流宛转绕芳甸,月照花林皆似霰;空里流霜不觉飞,汀上白沙看不见。江天一色无纤尘,皎皎空中孤月轮。江畔何人初见月?江月何年初照人?人生代代无穷已,江月年年望相似。不知江月待何人,但见长江送流水。白云一片去悠悠,青枫浦上不胜愁。谁家今夜扁舟子?何处相思明月楼?可怜楼上月徘徊,应照离人妆镜台。玉户帘中卷不去,捣衣砧上拂还来。此时相望不相闻,愿逐月华流照君。鸿雁长飞光不度,鱼龙潜跃水成文。昨夜闲潭梦落花,可怜春半不还家。江水流春去欲尽,江潭落月复西斜。斜月沉沉藏海雾,碣石潇湘无限路。不知乘月几人归,落月摇情满江树。这首诗很好地描述了月夜下的情境。这也是照明设计师当今在做古建筑照明设计时想要追求的最高境界。

其他的节日如七夕节,古代的青年男女喜欢放河灯,高高的城墙,幽幽的护城河,一盏盏河灯飘过,照亮了堤岸,寄托着人们的情思,这样的情境更多反映的是文化精神。

(二)文化因素的影响

1. 宗法礼制

影响中国古建筑照明的文化因素主要包括宗法礼制。礼制在中国古建筑外部空间中所体现的是强制化、规范化的特点,如北京古城采取中轴对称式的建筑形式,所反映的是人与天、人与人以及人与统治者之间的关系。礼制把建筑划分为坛、庙、宗祠,明堂,陵墓,朝堂,阙、华表、牌坊五个类别。建筑主体中也具有很明确的等级区分,如屋顶的等级限制十分严格,从最高等级的重檐庑殿、庑殿、歇山、攒尖、悬山,到最低等级的硬山顶,形成了完整的等级系列,对于不同建筑的等级面貌,起到了十分触目的标志作用。所以在对单体建筑照明设计时,应找准该建筑在整个区域内处于什么样的级别,要有轻重关系。在对整个区域进行照明设计时,应根据礼制的关系,有节奏有重点地去表现,强调其秩序化。

2. 风水理论

《葬经》曰:气乘风则散,界水则止。古人聚之使不散,行之使不止,故谓之风水。风水是古人将生活实践中的规律抽象总结的一种现象,直至进入20世纪,封建社会结束,人们开始大量地否定风水理论对人们的指导作用,到了现代,人们开始科学地认识风水理论，摈弃其中的迷信成分，运用正确的方法继续发挥风水理论在人们生活中的指导作用。中国古建筑从选址到功能布局，再到装饰，处处体现了风水理论。而照明是对建筑的一种陪衬与修饰，所以中国古建筑的照明必须遵循其设计方法，掌握其规律，只有这样照明与建筑才可做到更加完美的衔接。

如中国古建筑中的传统四合院，一般都是采用中轴对称式的格局，四合院大体分布为大门、第一进院、大堂、第二进院、书屋、住宅等，两侧有厢房。各房有走廊、隔扇门相连接。所以在进行照明设计时主次也就分开了，首先是大门，大门可体现一个家庭的经济与社会地位，一般都把门和人的面合起来，既门面，可想而知门在建筑中相当于人的脸。但中国人又有含蓄内敛的民族性格，所以在门的规模上又有些收敛，这就必然导致了一种失衡，所以照明在此时就可弥补这种欠缺的部分，用华而不扬的手法去做。其次是大堂，大堂是家庭会客的地方，这部分位于围合的内部，所以这部分可充分展现主人的身份地位与家庭的经济实力。这部分的照明可丰富起来。再之后是住宅书屋和厢房，这部分是相对私密的空间，所以满足基本需求即可。最后是走廊，走廊是连接各功能分区的重要部分，多采用线性的照明去做。

而其附属的建筑构件有门槛儿、门首儿、门墩儿、门镜、门神、影壁、石敢当、上马石、下马石和拴马桩。所以在进行四合院的照明设计时必须考虑到它的功能布局与各个构件所反映出的历史信息，如门墩儿是四合院门前比较常见的饰物，分为狮子型、石虎型、抱鼓型、箱子型等。其作用有五个，一是支撑门框，二是装饰门脸儿，三是避邪驱恶，四是看家护院，五是显示主人的身份和地位。门蹲儿最讲究图案的精美与寓意，它是整个建筑的首，处于最前方，所以在进行装饰照明时必须用灯光对它进行刻画。此外，它具有辟邪、看家护院的心理作用，进一步说也就是主人在它身上能寻求到安全感，所以在对光色的选择上以暖色光源为宜。光源由下而上，既能体现威严，又能起到一定的心理震慑作用。

（三）情感因素的影响

1. 文人情结

中国古建筑及园林设计的精神源于古人对书画艺术的现实追求。中国古建筑照明也是如此，比较重视照明设计给人带来的心灵感觉和生命意义的表达，也就是更注重写意，是一种意境，讲究的是情景交融。这一点深受古人的影响，如唐代诗人韩愈的诗"晚年秋将至，长月送风来"，不禁使人想到夜间月光飘洒在依山而建的长亭上，亭子临水而建，游人在亭中赏月的情景。因此中国古建筑照明设计应把国学传统文化氛围的营造作为照明设计要把握的精髓，将儒家含蓄内敛的风格及"仁""礼"思想核心在照明概念中得以延续。经过严谨调控的投光角度，营造了含蓄内敛的宁静优雅的国学氛围，中庸低调的照明方式符合中国古建筑的照明风格。

2. 场所精神

著名挪威城市建筑学家诺伯舒兹曾在 1979 年，提出了场所精神的概念，"场所"在某种意义上，是一个人记忆的一种物体化和空间化。可解释为"对一个地方的认同感和归属感"。中国古建筑外部空间是一个具有认同感与归属感的空间，人们对它的夜间形象是一种记忆。因此，外部空间是空间化的表现，而记忆则是对空间时间化的一个感受。所以中国古建筑外部空间照明被赋予了空间与时间的双重任务，是时间与空间的持续性艺术。中国古建筑外部空间照明中的场所精神以人们的参与、自我感受为基础，以满足人们心理上的归属感和认同感为目标，强调的是人的精神需求。

第二章　光的概述

第一节　光的基础知识

一、光的基本特性

（一）可见光

光的本质是电磁波，在波长范围及其宽广的电磁波中，光波仅占极小的部分，能够被视觉感知的可见光波的波长范围在 380 ~780 nm，表现为红、橙、黄、绿、青、蓝、紫的光谱颜色。超过可见光谱的红外区域和紫外区域，人的视觉无法感知，但是生理上可以感知到。譬如，红外线会使人感到皮肤发热、波长小于 30 nm 的紫外线辐射会损害生物组织等。因此，照明设计也要考虑红外线和紫外线辐射对人的负面影响。

（二）单色光

让太阳光经过狭缝成为一条细线，再通过一个棱镜并映照在白色的屏幕上，就可以看到一条彩色的光带。

对光进行这样的分解称为分光，所得到的彩色带称为分光光谱，它的颜色从波长较短的开始，依次为紫—青—蓝—绿—黄—橙—红，通过分光所获得的色光称为单色光。

（三）日光（白色光）

在光谱中，虽然有紫、青、蓝、绿、黄、橙、红等单色光，但如果有红、绿、蓝三种颜色，那么，就能制造出几乎全部的颜色。这被称为光的三原色原理。把三原色组合起来，根据波长成分的大小可以产生各种颜色，如果把三原色以相同的比例混合起来就能得到白色光（日光）。

二、光的反射、透射、吸收、折射

光与物体的相互作用，主要通过反射、透射、吸收、折射来实现。

①反射。人们所看到的一切影像均来自物体对光的反射。光的反射分为镜面反射、定向扩散反射和漫反射。镜面反射是当光线照射到光亮平滑的表面时，光线的反射角等于入射角。定向扩散反射也称半镜面反射，光线的反射朝着一个方向扩散。漫反射是当光线落到白色墙面或其他具有均匀质感的材质上时，反射的光线没有方向性。

②透射。透射是指光线穿过某类介质后继续辐射的现象。根据介质的透光率大小，光线或多或少被吸收。根据介质构成不同，透射可分为直线透射、定向扩散透射和漫透射三种。

③吸收。吸收是指当光线经过介质时，一部分被反射，一部分被透射，另外一部分被介质吸收。通常颜色较深的表面比颜色浅的表面吸收更多的光线。

④折射。折射是当光从折射率为 n_1 的介质进入不同密度的介质时（空气到玻璃或玻璃到空气），光的方向发生改变。偏离的程度与两种介质的折射率有关。

在所有波长都受到同等反射时，如果其反射比高，就会接近太阳光颜色的白色，若反射比低的话颜色就会发暗。例如，混凝土在白天看时是干白色的，这是因为对所有的波长，其反射比都很高，所以看起来呈现白色。但把水洒在混凝土表面上，其颜色就会比之前暗。

三、光的基本理论

光是自然的一个最基本的构成要素，它总是与空气、自然景观、最美丽时刻的记忆联系在一起。光辐射引起人的视觉，人才能够看见并认识所处的周围环境。人从外界获得的信息有 80% 来自光和视觉。人类对光有着本能的生理需求和心理依赖。

人类的生活离不开光。良好的光环境是保证人们进行正常工作、生活、学习的必要条件，它对于劳动生产率、生理与心理健康等都有直接影响。

光是一种电磁辐射能，是能量的一种存在形式。当一个物体（光源）发射出这种能量，即使没有任何中间媒质，也能向外传播。这种能量形式的发射和传播过程，就称为辐射。光在一种介质（或无介质）中传播时，它的传播路径是直线，称为光线。

现代物理证实，光在传播过程中主要显示出波动性，而在光与物质的相互作用中，主要显示出微粒性，即光具有波动性和微粒性的二重性。与之相对应的，关于光的理论也有两种，即光的电磁波波动理论和光的量子理论。

（一）光的电磁波波动理论

光的电磁波波动理论认为，光是能在空间传播的一种电磁波。电磁波的实质是电磁振荡在空间的传播。电磁波在介质中传播时，其频率由辐射源决定，将不随介质而变，但传播速度将随介质而变。将各种电磁波按波长（或频率）依次排列，可以画出电磁波的波谱图，如图 2-1 所示。波长不同的电磁波，其特性也会有很大的差别。通常不同波段的电磁波是由不同的辐射源产生的，它们对物质的作用也不同，因此具有不同的应用和测量方法，但相邻波段的电磁波没有明显的界线，因为波长的较小差别不会引起特性的突变。

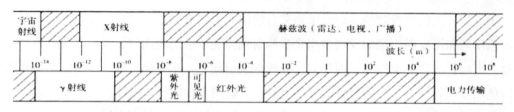

图 2-1　电磁波波谱图

电磁波的波长范围极其宽阔，而可见光只占其中极狭窄的一个波段。可见光与其他电磁波最大的不同是它作用于人的肉眼时能引起人的视觉。可见光的波长范围在380~780 nm。可见光波长不同会引起人的不同色觉。将可见光按波长为 380~780 nm 依次展开，光将分别呈现紫、蓝、青、绿、黄、橙、红色，如图 2-2 所示。

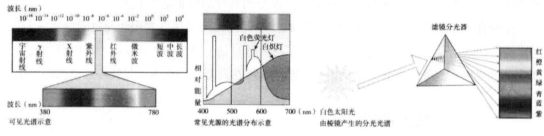

图 2-2　可见光谱说明

波长小于 380 nm（100~380 nm）的电磁辐射叫紫外线，波长大于 780 nm（780 nm~1 mm）的辐射称为红外线。紫外线和红外线虽然不能引起人的视觉，但其他特性均与可见光极相似。通常把紫外线、红外线和可见光统称为光。

光的电磁波波动理论可以解释光在传播过程中出现的一些现象，如光的干涉、衍射、偏振和色散等。这说明光在传播过程中主要表现为波动性。

（二）光的量子理论

光的量子理论认为，光是由辐射源发射的微粒流。光的这种微粒是光的最小存在单位，称为光量子，简称光子。光子具有一定的能量和动量，在空间上占有一定的位置，并作为整体以光速在空间移动。光子与其他实物粒子不同，它没有静止的质量。

光的量子理论可以解释一些用光的电磁理论无法解释的现象，如光的吸收、散射及光电效应等。上述这些现象都和光与物质相互作用有关，这说明光在与物质相互作用时，主要表现为微粒性。

入射：光线投射到表面为入射。

反射：光线或辐射热投射到表面以后又返回的现象。

折射：当光线倾斜地从一个介质射入另一个介质时改变光线的方向，在两种介质中光线的传播速度不同。

反射定律：当光线或声波被光滑表面反射时，入射角等于反射角，入射光线、反射光线和表面的法线都在同一平面内。

入射角：当光线射到表面上时，该光线与入射点处表面的法线形成的夹角。

反射角：反射的光线与入射点处反射表面的法线形成的夹角，如图 2-3 所示。

漫射：光经过凹凸不平的表面的漫反射，或通过半透明材料的无规律的散射，如图 2-4 所示。

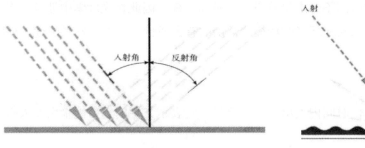

图 2-3 光的入射角和反射角　　　　图 2-4 光的漫射

透射系数：透过物体并由物体发射的辐射能与入射到该物体上的总能量之比。

反射系数：表面反射的辐射能与入射到该表面上的总辐射能之比。

吸收系数：表面吸收的辐射能与入射到该表面上的总辐射能之比。

折射角：折射的光线与入射点处两种介质交界面的法线形成的夹角，如图 2-5 所示。

绕射：当光波或声波发生弯曲绕过障碍物时，光波或声波的调整，如图 2-6 所示。

不透明的：光不能穿透。

半透明的：能透射和漫射光线，但不能看清另一面的物体。

透明的：能够透射光线，因此能清楚地看到前面或后面的物体。

光的量子理论中光子的振动频率与相应的光的电磁波波动理论中光波的振动频率是一致的。这是因为两种理论说明的是同一个物理现象，当然不能互相矛盾，只是前者主要从微观上讨论光，而后者则从宏观上研究光。

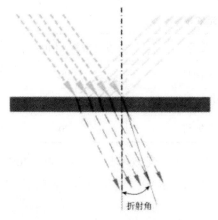

图 2-5 光的折射角

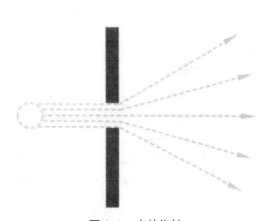

图 2-6 光的绕射

第二节　光度量的相关知识

在照明设计和评价时离不开定量分析、测量和计算，因此在光度学中涉及一系列的物理光度量，用以描述光源和光环境的特征。常用的有光通量、照度、发光强度、亮度等。

一、光通量

光通量是光源在单位时间内发出的光的总量。它表示光源的辐射能量引发人眼产生的视觉强度。

光通量的单位为流明（lm），1 lm=1 cd•sr。

在国际单位制和我国规定的计量单位中，流明是一个导出单位。1 lm 是发光强度为 1 cd 的均匀点光源在 1 sr 立体角内发出的光通量。

在照明工程中，光通量是说明光源发光能力的基本量。例如，一只 40 W（W 为电能功率的单位符号）白炽灯发出的光通量为 350 lm，一只 40 W 荧光灯发出的光通量为 2100 lm，一只 220 V（V 为电压的单位符号）、2000 W 溴钨灯的光通量为 45000 lm。

发光效率是照明工程中常用的概念。不同的电光源消耗相同的电能，其辐射出的光通量也并不相同，即不同的电光源具有不同光电转换效率。电光源所发出的光通量 Φ 与其消耗的电功率 P 的比值称为该电光源的发光效率。由定义可得发光效率公式为：

$$\eta=\phi / P$$

其中，发光效率 η 的单位是流明/瓦（lm/W）。

表 2-1 为几种常见光源的发光效率。

表 2-1　几种常见光源的发光效率

光源	发光效率/（lm/W）	光源	发光效率/（lm/W）
低压钠灯	200	金卤灯	90
高压钠灯	120	三基色荧光灯	80
T5 荧光灯	95	节能灯	70

LED 的发光效率随着技术的进步不断提升：1998 年白光发光效率只有 5 lm/W；2000 年达到 25 lm/W，2009 年达到 120 lm/W；2015 年达到 160 lm/W，实验室水平已达到 230 lm/W。

二、照度

照度表示受照物体表面每单位面积上接收到的光通量。如果受照表面均匀受光，即受照表面上照度处处相等，则受照表面所接收的光通量如图 2-7 所示。照度是客观存在的物理量，与被照物和人的感受无关。

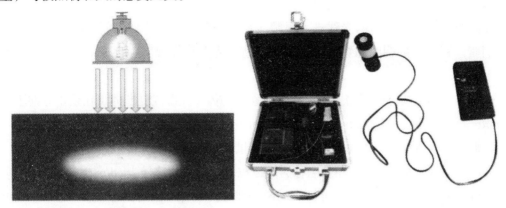

图 2-7　照度定义的示意图　　　　　　　　　　图 2-8　数字照度计

照度是照明工程各项标准和规范中最常用的物理量。照度的物理量单位是勒克斯，其符号为 lx。1 lx 等于 1 lm 的光通量均匀分布在 1 m² 表面上所产生的照度。照度的数值可用照度计直接测量读出，如图 2-8 所示。照度可以直接相加。照度的另一个单位是烛光，即每平方英尺的光通量。

各种环境条件下被照表面的照度参见表 2-2。

表 2-2　各种环境条件下被照表面的照度　　　　　　　　单位：lx

被照表面	照度	被照表面	照度
朔日星夜地面上	0.002	晴天采光良好的室内	100~500
望日月夜地面上	0.2	晴天室外太阳散射光下的地面上	1000~10000
读书所需最低照度	>30	夏日中午太阳直射的地面上	100000

三、发光强度

发光强度简称光强，其单位名称是坎德拉（candela），单位符号为 cd，计算公式为 $I = d\phi / d\omega$。

发光强度是表征光源发光能力大小的物理量，亦即表示光源向空间某一方向辐射的光通密度。在数量上 1 坎德拉等于 1 流明每球面度，即 1 cd=1 lm/sr。

坎德拉是我国法定单位制与国际单位制的基本单位之一，其他光度量单位都是由坎德拉导出的。

在不同的方向，发光强度是不一样的。光强是光源本身所特有的属性，仅与方向有关，与到光源的距离无关，常用于说明光源和照明灯具发出的光通量在空间各方向或在选定方向上的分布密度。例如，一只 40 W 的白炽灯发出 350 lm 光通量，它的平均光强为 350/47 c=28 cd。

四、亮度

光源或受照物体反射的光线进入眼睛，在视网膜上成像，使人们能够识别物体的形状和明暗。视觉上的明暗知觉取决于进入眼睛的光通量在视网膜物像上的密度——物像的照度。

这说明，确定物体的明暗要考虑两个因素：物体（光源或受照体）在指定方向上的投影面积——这决定物像的大小；物体在该方向上的发光强度——这决定物像上的光通量密度。根据这两个条件，可以建立一个新的光度量——亮度，如图2-9所示。

亮度的物理量符号为L，单位名称为坎德拉每平方米，符号为cd/m2。

也可以说，光源的亮度是指光源表面沿法线方向上每单位面积的光强。通常，亮度在各方向上不相同，所以在谈到一点或一个有限表面的亮度时需要指明方向，如图2-10所示为表面亮度在室内环境中的分布示意图。

图2-9 亮度定义的示意图

图2-10 表面亮度在室内环境中的分布示意图

几种发光体的亮度值参见表2-3。

表2-3 几种发光体的亮度值 单位：cd/m²

发光体	亮度	发光体	亮度
太阳表面	2.25×10^9	从地球表面观察月亮	2500
从地球表面（子午线）观察	1.60×10^9	充气辑丝白炽灯表面	1.4×10^7
晴天的天空（平均亮度）	8000	40W 荧光灯表面	5400
微阴天空	5600	电视屏幕	1700~3500

上述四个光度量有不同的应用领域，可以互相换算，并且可用专门的光度仪器进行测量。光通量表征光源辐射能量的大小；光强用来描述光通量在空间的分布密度；照度说明受照物体的照明条件，它的计算和测量都比较简单，在光环境设计中广泛应用这一概念；亮度则表示光源或受照物体表面的明暗差异。

五、色温

光源表面的颜色，与黑体颜色比较决定。

光线的颜色主要取决于光源的色温。当光源发出的光的颜色与黑体在某一温度下辐射的颜色相同时，黑色的温度就称为该光源的颜色温度，简称色温，以电光源的开始温标表示，符号是 K。

色温有绝对色温和相关色温之分。绝对色温是指连续光谱光源发出的光的颜色，如白炽灯；相关色温是指非连续光谱光源发出的光的颜色，如气体放电灯。

光源色温大于 5300 K 时的光色看起来比较凉爽，称为冷色光；色温小于 3300 K 时的光色看起来比较温暖，称为暖色光。色温在 5300~3300 K 的光色介于冷暖之间，称为中间色。

一般来讲，红色光的色温低，蓝色光的色温高。低色温的暖光在低照明水平下比较受欢迎，容易使人联想到火焰或者黎明与黄昏时的金红色光芒。高色温的冷光在较高的照度时较受欢迎，容易使人联想到昼光。

六、显色性

在非连续光谱的气体放电灯照射下，颜色会失真，这种光源对物体真实颜色的呈现程度称为光源的显色性，其用显色指数来表示，符号为 Ra。

物体之所以有颜色，是因为物体表面吸收入射光中某些波长的光，同时反射其余波长的光，反射光波的颜色就是物体的颜色，由于光的光谱分布不同，因此同一个物体在不同光源下呈现不同的色彩。当人们辨认物体的色彩时，由于受到各种外界因素的影响，物体所显现的色彩往往与物体的固有色不一致，使用不同色相的光源，物体的显现色就会直接被影响。

例如，以白炽灯照明为主的服装店买一件看到的是带黄色的白衬衣，然而拿到店外自然光下观察，发现看到的是带蓝色的白衬衣。因此，不同的光源下同一件物体具有不同的光色。一般而言，光源中包含越多的光谱色，光源的显色性越好。例如钠灯，在低压钠灯辐射的光谱中，黄光部分窄而短，所以在此光照下物体呈现黄色和灰色。

按照我国现行规范，照明用灯的显色组别分为四组，即显色指数 $Ra \geq 80$、$60 \leq Ra < 80$、$40 \leq Ra < 60$、$Ra < 40$。在商业照明中对光源显示指数要求比较高，按照国际照明委员会的规定，商业照明光源的显示指数是 $Ra > 80$。要提高显色性，需采用大于等于 500 lx 的高照度照明，当被照体表面照度高于 1000 lx 时，那么，光源的显色性才能充分表现出来。

表 2-4 为几种常见光源的显色指数。

表 2-4　几种常见光源的显色指数

光源类型	显色指数	光源类型	显色指数
白炽灯	99~100	低压钠灯	20~30
荧光灯	65~95	高压钠灯	30~60
金卤灯	60~80	高压汞灯	30~55
LED	70~95	—	—

七、饱和度

饱和度是指彩色光所呈现颜色的深浅或纯洁程度。对于同一色调的彩色光，其饱和度越高，颜色就越深或越纯；饱和度越低，颜色就越浅或纯度越低。高饱和度的彩色光可因掺入白光而降低纯度或变浅，变成低饱和度的色光。因此饱和度是色光纯度的反映。100% 饱和度的色光代表完全没有混入白光的纯色光。

八、眩光

在视野内出现亮度极高的物体或过大的亮度对比时，可引起人眼不舒适或视力下降，这种现象叫眩光。眩光是影响光质量的重要因素，除个别情况外，眩光是应该加以限制的。

第三节　光源的发展历程与种类

一、光源的发展历程

在漫长的人类历史进程中，受到自然界如火光（热辐射光源）、闪电（气体放电光源）、萤火虫、海底生物（固体发光光源）等的启发，人类对自然界存在的光源进行了利用，整体而言分为三种光源，即热辐射光源、气体放电光源和电致发光光源。火开启了人类照明领域的第一次革命，爱迪生发明的白炽灯被公认为第二次照明领域的革命，而被称为发光二极管（LED）的半导体照明，无疑将引领人类照明领域的第三次革命。因此，经过一百多年的发展，人类光源经历了白炽灯、荧光灯、高强气体放电发光以及 LED 四个阶段。

人类对电光源的研究始于 18 世纪末 19 世纪初，英国的戴维发明的碳弧灯。1879 年，美国的爱迪生发明了具有实用价值的碳丝白炽灯，使人类从漫长的火光照明进入电气照明时代。1907 年采用拉制的钨丝作为白炽体。1912 年，美国的朗缪尔等人对充气白炽灯进行了研究，提高了白炽灯的发光效率并延长了寿命，扩大了白炽灯的应用范围。20 世纪 30 年代初，低压钠灯研制成功。1938 年，欧洲和美国研制出荧光灯，发光效率和寿命均为白炽灯的 3 倍以上，这是电光源技术的大突破。20 世纪 40 年代，高压汞灯进入实用阶段。50 年代末，体积和光衰极小的卤钨灯问世，改变了热辐射光源技术进展滞缓的状态，这是电光源技术的又一重大突破。60 年代开发了金属卤化物灯和高压钠灯，其发光效率远高于高压汞灯。80 年代出现了细管径紧凑型节能荧光灯、小功率高压钠灯和小功率金属卤化物灯，使电光源进入小型化、节能化和电子化的新时期。90 年代以来，光纤和导光管应用于很多特殊场合，通常是出于美学上的考虑。

进入 21 世纪以来，LED 光源应用越来越广泛和普遍，尤其是结合 RGB 的配色原理创造变色效果为照明设计师的创意提供了无限的想象空间。

二、光源的种类

任何发光的物体都可以叫作光源，如太阳、蜡烛的火焰、白炽灯、荧光灯、节能灯、卤素灯、LED 等。尽管它们都发光，但发光原理不尽相同。我们将物质的发光分为以下几种。

（一）热辐射光源

在一定温度下物体的辐射叫作热辐射或温度辐射，辐射会伴随光而产生，包括红外光辐射、可见光辐射和紫外光辐射等。太阳、白炽灯中光的发射属于此类。

1. 白炽灯

普通的白炽灯是最早出现的电光源，属于第一代光源，已经有一百多年的历史，其基本组成部分是灯丝、泡壳、充入气体与灯头。白炽灯是由于电流通过钨丝时，灯丝热至白炽化而发光的。为了提高灯丝温度，防止钨丝氧化燃烧，以便发出更多的可见光，提高其发光效率，增加灯的使用寿命，一般将灯泡内抽成真空（40 W 以下）或充以氩气等惰性气体（60 W 以上）。白炽灯的寿命一般在 1000 h。由于白炽灯有高度的集光性，便于控光，适于频繁开关，点燃与熄灭对性能、寿命影响小，辐射光谱连续，显色性好（平均显色指数在 95 以上，可以认为是目前人造光源中最好的），价格低廉等特点，所以，它至今仍是应用范围最为广泛的一种光源。由于白炽灯是根据热辐射原理制成的，灯丝在将电能转变成可见光的同时，还产生大量的红外辐射，所以它的发光效率相对而言不高。

白炽灯的优点是：显色性好，显色指数 Ra=100；直接在标准电源上使用，通电即亮，不需要附加电路；价格低廉；体积小巧。

白炽灯的缺点是：光效低，平均光效只有 12~14 lm/W 左右；寿命短，典型的预期寿命（与效率有关），从几十小时到几千小时不等。

白炽灯根据结构的不同，又可分为普通照明用白炽灯、装饰灯、反射型灯和局部照明灯四类。

（1）普通照明用白炽灯

普通照明用白炽灯是住宅、宾馆、商店等照明用主要光源，一般采用梨形、蘑菇形玻壳。玻壳主要是透明的，也有磨砂的及乳白色的。

（2）装饰灯

装饰灯的玻壳外形形式多样，具有小型、中型、微型等多种选择的可能，可以单独使用，也可以串联使用。装饰灯色彩多变，广泛应用于建筑物装饰、烘托节庆氛围。

（3）反射型灯

反射型灯采用内壁镀有反射层真空蒸镀铝的玻壳制成，能使光束定向发射，适用于灯光广告、橱窗、体育场馆、展览馆及舞台回光灯等需要光线集中的场合。因为反射层位于玻壳内壁不会遭到腐蚀和污染，所以无须特别清洁维护。

反射型灯根据设计结构可以分为压制玻壳反射型和吹制玻壳反射型两大类。

压制玻壳反射型灯属于高光强型灯，采用先进的聚光技术，具有一个压制的硬质玻璃壳，玻壳内侧背部是一个接近抛物线截面的镜面，作为反射器，对光线进行有效的二次反射，可产生多种光束模式，如聚光式、泛光式、散光型光束模式等。这种灯具有利用率高、集光性好、灯体结构紧凑、体量小巧、强度高等优点，被广泛应用于建筑物泛光照明、店面投光照明、景观雕塑照明、景观喷泉照明、展览展示照明等。

吹制玻壳反射型灯背部反面涂有反射层，也可制成多种不同光束模式或者按需添加色彩涂层，在照明领域应用广泛。

（4）局部照明灯

局部照明灯的结构外形与普通照明用白炽灯相似，所设计的额定电压较低，通常有36 V 和 12 V 两种。这类灯主要用于必须采用安全电压（36 V 或 12 V）的场所的照明，如便携式手提灯、台灯等。

在新型光源特别是 LED 光源快速发展的今天，白炽灯逐渐退出历史舞台，世界各国已制订了淘汰白炽灯的计划，预计在 2025 年将全部淘汰。

2. 卤钨灯

1959 年发明的碘钨灯是利用卤钨循环消除灯泡发黑现象，延长寿命或提高光效的改良白炽灯。一般照明用的卤钨灯的色温为 2800~3200 K。与普通白炽灯相比，光色更白一些，光效更高。卤钨灯的显色性十分好，一般显色指数 $Ra=100$。

卤钨灯是在白炽灯内部填充含有部分卤族元素或卤化物的气体，在适当的温度条件下，从灯丝蒸发出来的钨在泡壁区域内与卤素物质反应，形成挥发性的卤钨化合物。由于泡壁温度足够高（250℃），卤钨化合物呈气态，当卤钨化合物扩散到较热的灯丝周围区域时又分化为卤素和钨。释放出来的钨部分回到灯丝上，而卤素继续参与循环过程（见图 2-11）。

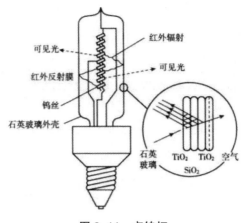

图 2-11　卤钨灯

卤钨灯广泛应用于机动车照明、特种聚光灯、舞台及其他需要在紧凑、方便、性能良好上超过非卤素白炽灯的场合，如商业空间或会展空间中经常使用。尽管其光效率是白炽灯的 2 倍，但仍满足不了节能要求，同样面临着被淘汰的命运。

（二）气体放电光源

1. 荧光灯

荧光灯是在发光原理和外形上都有别于白炽灯的气体放电光源，与白炽灯相比较，具有发光效率高、发光表面亮度低、光色好且品种多、显色性好、寿命较长（国产普通荧光灯的寿命为 3000~5000 h）、灯管表面温度低等明显的优点。

常见的荧光灯由玻管、荧光粉层、电极、汞和惰性气体、灯头五种主要部件组成。

荧光灯的玻管内壁涂有荧光物质，管内充有稀薄的氩气和少量的汞蒸气。灯管两端各有两个电极，通电后加热灯丝，达到一定温度就发射电子，电子在电场作用下逐渐达到高速，轰击汞原子，使其电离而产生紫外线。紫外线射到管壁上的荧光物质，激发出可见光。根据荧光物质的不同配合比，发出的光谱成分也不同。荧光灯的构造与电路图如图 2-12 所示，其工作原理如图 2-13 所示。

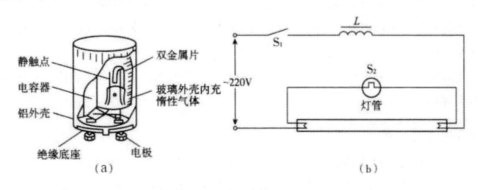

图 2-12　荧光灯的构造与电路图

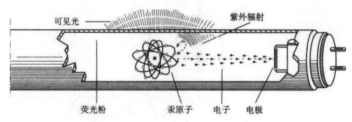

图 2-13 荧光灯的工作原理图

为了使光线更集中往下投射，可采用反射型荧光灯，即在玻璃管内壁上半部先涂上一层反光层，然后再涂荧光物质。荧光灯本身就是直射型灯具，光通利用率高，灯管上部积尘对光通的影响小。

荧光灯按照外形可以分为直管型荧光灯、异型荧光灯、紧凑型荧光灯三大类。直管型荧光灯、异型荧光灯按照启动方式又可以分为预热启动式、快速启动式、瞬时启动式三类。预热启动式荧光灯在 220 V、240 V 的地区或国家用量最大，通常需要配套使用启辉器或者电子镇流器。启辉器（或镇流器）起着启动放电、限制和控制灯管电流的作用，以避免灯管频闪。经过专门设计的电子镇流器还可以按需调节荧光灯的亮度。

近年来，紧凑型荧光灯发展迅速，大有逐渐取代白炽灯之势，环形、2D 形、H 形、U 形、螺旋形等形式多样，外形紧凑，小到和白炽灯大致相似，多将启辉器（镇流器）等附件组合在一起使用，可以直接连上电源。紧凑型荧光灯的发光功率是白炽灯的五倍，因此这种荧光灯也被称为节能灯。紧凑型荧光灯除在宾馆、住宅、商店等处大量使用外，在绿地照明、道路照明以及建筑物、桥梁轮廓等照明中也被大量采用。

荧光灯根据光色可以分为日光色、冷白色和暖白色三种。日光色的荧光灯（色温 6500 K）多用于办公室、会议室、设计室、阅览室、展览展示空间等，给人明亮自然的感觉；冷白色的荧光灯（色温 4300 K）多用于商店、医院、候车亭等室内空间，给人愉快、安详的感觉；暖白色的荧光灯（色温 2900 K）多用于家居空间、医院、宿舍、餐厅等室内空间，给人以健康温暖的感觉。

一般显色指数是 $Ra \geq 80$ 的荧光灯通称高显色荧光灯。这类灯大多涂覆稀土三基色荧光粉涂层，因而其发光效率较高，部分 T8 和全部 T5 荧光灯属于这类产品。

彩色荧光灯是采用能够发出红、绿、蓝等多种单色光的荧光粉制成的，主要用于店面装饰照明、建筑物及桥梁等彩色泛光照明。

荧光灯也有明显的不足，如点燃迟、造价高、有雾光效应、功率因数低、受环境温度的影响大等。

2. 金属卤化物灯

金属卤化物灯的灯泡构造，是由一个透明的玻璃外壳和一根耐高温的石英玻璃放电内管组成的。壳管之间充氢气或惰性气体，内管充惰性气体。放电管内除汞外，还含有一种或多种金属卤化物（碘化钠、碘化铟、碘化铊等）。卤化物在灯泡的正常工作状态下，被电子激发，发出与天然光谱相近的可见光。国产金属卤化物灯的平均寿命为3000~10000 h。常见的金属卤化物灯如图 2-14 所示。

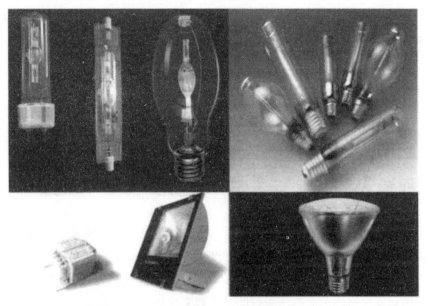

图 2-14 常见的金属卤化物灯

金属卤化物灯的特点：

①金属卤化物灯尺寸小、功率大（250~2000 W），发光效率高，但寿命较短。有较长时间的启动过程，从启动到光电参数基本稳定一般需要 4~8 min，而完全达到稳定需15 min。

②在关闭或熄灭后，须等待 10 min 左右才能再次启动，这是由于灯工作时温度很高，放电管压力很高，启动电压升高，只有待灯冷却到一定程度后才能再启动。采用特殊的高频引燃设备可以使灯迅速再启动，但灯的接入电路却因此而复杂。

③光色很好，接近天然光，常用于电视、摄影、绘画、体育场、体育馆、高大厂房、较繁华的街道、广场及显色性好的场所。

彩色金属卤化物灯是在其电弧管内充入某种特定的金属卤化物，从而辐射出该金属的特征光谱，使该灯产生明显的色彩。这类灯主要用于建筑外墙的泛光照明、景观特写照明等。

3. 钠灯

钠灯是利用钠蒸气放电的气体放电灯的总称。该光源不刺眼，光线柔和，发光效率高。钠灯主要有低压钠灯、高压钠灯两大类。

（1）低压钠灯

低压钠灯的光色呈现橙黄色。低压钠灯的光视效能极高，一般光视效能可达 75 lm/W，先进水平可达 100~150 lm/W。一个 90 W 的钠灯光通量为 12500 lm，相当于四个 40 W 的日光灯，或一个 750 W 的白炽灯，或一个 250 W 高压汞灯的效果。

低压钠灯的启动电压高，目前大多数灯利用开路电压较高的漏磁变压器直接启动。从启动到稳定需要 8~10 min，即可达到光通量最大值。低压钠灯一般应水平安装，这样钠分布均匀，光视效能高。对有贮钠小窝的钠灯，可允许在偏离水平位置 ±20° 以内点燃。由于低压钠灯具有耗电少、光视效能高、穿透云雾能力强等优点，常用于铁路、公路、广场照明。

（2）高压钠灯

低压钠灯在低的蒸气压力之下，出现单一的黄光。为进一步增加灯的谱线宽度，改善灯的光色，必须提高钠的蒸气压力，这样就发展成为高压钠灯。目前实用的高压钠灯内充以少量的汞，主要为黄色、红色光谱，色温为 2300 K，显色指数为 30，光视效能为 110~120 lm/W。高压钠灯的寿命很长，我国生产的在 5000 h 左右，美国生产的可达 20000 h，是长寿命光源之一。

高压钠灯的启动要借助触发器。当灯接入电源后，电流经双金属片和加热线圈，使双金属片受热后由闭合转为断开，在镇流器两端产生脉冲高压，使灯点亮。灯点亮后，放电所产生的热量使双金属片保持在断开状态。高压钠灯由点亮到稳定工作需 4~8 min，它的镇流器也可用相同规格的荧光高压汞灯的镇流器来代替。当电源切断、灯熄灭后，无法立即点燃，需经过 10~20 min，待双金属片冷却并回到闭合状态时，才能再启动。

在所有人造光源中，高压钠灯的光效仅次于低压钠灯，在城市道路照明、建筑泛光照明、庭院照明、广场照明和部分工业照明中被广泛应用。

4. 氙灯

氙灯是利用高压氙气产生放电现象制成的高效率电光源，如图 2-15 所示。

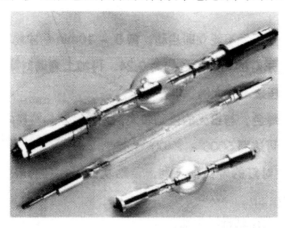

图 2-15　氙灯

氙灯有以下几个特点：

①光色很好，接近日光，显色性好。

②启动时间短，氙灯点燃瞬间就有 80% 的光输出。

③光效高，发光效率为 22~50 lm/W，被称作"人造小太阳"。

④寿命可达 1000 h。

⑤氙灯的功率大、体积小，是目前世界上功率最大的光源，可以制成几千瓦、几万瓦甚至几十万瓦，一支 220 V。

⑥ 20000 W 的氙灯，体积相当于一支 40 W 日光灯那么大，而它的总光通量是 40 W 日光灯的 200 倍以上。

⑦不用镇流器，灯管可直接接电，其功率因数近似等于 1，使用方便，节省电工材料。

氙灯紫外线辐射比较大，在使用时不要用眼睛直接注视灯管，用作一般照明时，要装设滤光玻璃，以防止紫外线对人们视力的伤害。

氙灯的悬挂高度视功率大小而定，一般为达到均匀和大面积照明的目的，选用 3000 W 灯管时不低于 12 m，选用 10000 W 灯管时不低于 20m，选用 20000W 灯管时不低于 25 m。

氙灯按性能可分为直管形氙灯、水冷式氙灯、管形汞氙灯、管形氙灯四种。

氙灯按工作气压可分为脉冲氙灯（工作气压低于 100 kPa）、长弧氙灯（工作气压约为 100 kPa）和短弧氙灯（工作气压为 500~3000 kPa）三类。

5. 荧光高压汞灯

荧光高压汞灯是利用汞放电时产生的高气压来获得高发光效率的一种光源，它的光谱能量分布和发光效率主要由汞蒸气来决定。汞蒸气压力低时，放射短波紫外线强，可见光较弱，当气压增高时，可见光变强，光效率也随之提高。其结构示意图如图 2-16 所示。

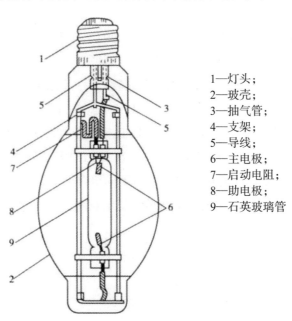

1—灯头；
2—玻壳；
3—抽气管；
4—支架；
5—导线；
6—主电极；
7—启动电阻；
8—助电极；
9—石英玻璃管

图 2-16　荧光高压汞灯结构示意图

按照汞蒸气压力的不同，汞灯可以分为三种类型：第一种是低压汞灯，汞蒸气压力不超过 0.0001 MPa 大气压，发光效率很低；第二种是高压汞灯，汞蒸气压力为 0.1 MPa，气压越高，发光效率也越高，发光效率为 50~60 lm/W；第三种是超高压汞灯，汞蒸气压力为 10~20 MPa。按照结构的不同，高压汞灯可以分为外镇流和自镇流两种形式。

荧光高压汞灯有以下几个特点：

①必须串接镇流器。

②用于 220V 电流网时使用电感镇流即可，如用于低电压电网时（如 110 V），则必须采用高漏磁电抗变压器式镇流器。

③整个启动过程从通电到放电管完全稳定工作，需 4~8 min。

④高压汞灯熄灭后不能立即启动，需 5~10 min 后才能再启动。

⑤荧光高压汞灯的闪烁指数约为 0.24，再加上启动时间过长，故不宜用在频繁开关或比较重要的场所，也不宜接在电压波动较大的供电线路上。

⑥光色为蓝绿色，与日光的差别较大，显色性差，需在内表壁上涂敷荧光粉，以改善它的显色性。

⑦有效寿命为 5000~24000 h。

⑧频繁开关对灯的寿命很不利，启动次数多，灯的寿命就会减少，启动一次对寿命的影响相当于燃点 5~10 h。

⑨价格低，但在能源消耗上不如高压钠灯。

（三）电致发光电光源

1. LED 及 LED 模块

LED 是一种能够将电能转化为可见光的半导体，采用电场发光。LED 是当前发展最快，被认为拥有广阔前景的新型光源。

LED 模块是一种组合式照明光源装置，除一个或多个发光二极管外，还包括其他元件，如光学、电气、机械和电子元件等。LED 模块又有自镇流 LED 模块（设计为直接连接到供电电源的 LED 模块，如果自镇流 LED 模块装有灯头，则认为其是自镇流灯）、整体式 LED 模块、整体自镇流 LED 模块、内装式 LED 模块、内装式自镇流 LED 模块、独立式 LED 模块、独立式自镇流 LED 模块等不同组合形式。

图 2-17 为含 LED 和控制装置的系统示意图。

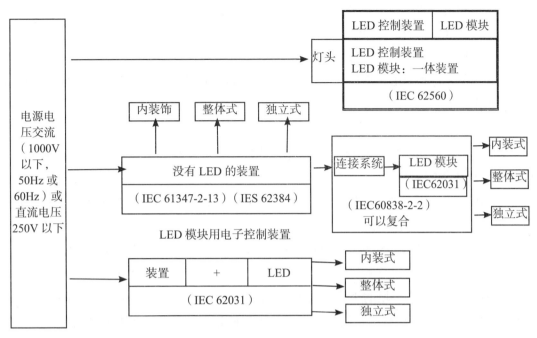

图 2-17　含 LED 和控制装置的系统示意图

（1）LED 的特点

①寿命长。LED 的使用寿命可以长达 10 万小时，光衰为初始的 50%，传统的光源在这方面无法与之相比。因此，在一些维护和换灯困难的场合，使用 LED 作为光源，可大大降低人工费用。

②响应时间短。LED 的响应时间为纳秒级，在一些需要快速响应或高速运动的场合，应用 LED 作为光源非常合适。

③结构牢固。LED 是用环氧树脂封装的采用半导体发光的固体光源，是一种实心的全固体结构，因此能经受震动、冲击而不致损坏，适用于使用条件较为苛刻和恶劣的场合。

④功耗低。目前，白光 LED 的光效已经达到 50 lm/W，消耗能量比同光效的白炽灯减少 80%。

⑤适用性强。每个单元的 LED 小片是边长在 3~5 mm 的正方形，所以可以制备成各种形状的器件，并且适合于易变的环境。LED 的发光体芯片尺寸很小，在进行灯具设计时基本上可以把它看作"点"光源，这样能给灯具设计带来许多方便。

⑥可做成薄型灯具。LED 发光的方向性很强，很多情况下只需用透镜将其发出的光线进行准直、偏折，而不需要使用反射器，可以做成薄型、美观的灯具。

⑦使用低压电源。LED 的供电电压为 6~24 V，根据产品不同而异，是一种比使用高压电源更安全的光源。

⑧有助于减少环境污染。LED 无有害金属汞。

⑨颜色丰富。改变电流 LED 即可以变色，发光二极管利用化学修饰方法，调整材料的能带结构和带隙，可实现红、黄、绿、蓝、橙多色发光。

⑩价格相对较贵。LED 的价格比较昂贵,相对于白炽灯,几只 LED 的价格就可以与一只白炽灯的价格相当,而通常每组信号灯需由 300~500 只二极管构成。

综上所述,由于 LED 具备多项优点,尤其是省电和长寿的特点,因此,LED 被看作继白炽灯、荧光灯和 HID(高压放电灯)光源之后的第四代光源,在未来的照明设备中将发挥重要作用。

（2）LED 在照明领域的应用

①信号指示应用。信号照明是 LED 单色光应用比较广泛也是比较早的一个领域,约占 LED 应用市场的 4%。

②显示应用。指示牌、广告牌、大屏幕显示等,LED 用于显示屏幕的应用占 LED 应用的 20%~25%,显示屏幕可分为单色和彩色两种。

③照明应用。LED 是传统光源的替代品,具有体积小、散热技术完善、光效高、能耗低、控制简单、色彩丰富等优点,较容易借之实现照明灯具与建筑构件的整合,减少暴露灯具对城市日间视觉环境的干扰。国内照明设计师安小杰提出"LED 引擎"的概念——与企业共同推进 LED 建材化,从照明的视角将建材分为发光建材与不发光建材,该概念与安藤忠雄、伊东丰雄、面出薰等推崇的"光是建筑的材料"的概念不谋而合,更具现实性和可操作性。同时,LED 数字化显示、模块化控制、色彩的丰富性等特点使其具有技术与艺术完美结合的优势,它既可以完成常规照明任务,又是一种城市多媒体的载体,可以通过软件实现数字化编排、智能控制,为城市的夜景增添文字、图形、视频等更为丰富的视觉内容。

目前,LED 的照明应用有以下几种:

①便携灯具。手电筒、头灯、矿工灯、潜水灯等。

②汽车用灯。高位刹车灯、刹车灯、转向灯、倒车灯等,大功率的 LED 已被大量用于汽车照明中。

③特殊照明。太阳能庭院灯、太阳能路灯、水底灯等;由于 LED 尺寸小,便于动态的亮度和颜色控制,因此比较适合用于建筑装饰照明。

④背光照明。普通电子设备功能显示背光源、笔记本电脑背光源、大尺寸 LCD 显示器背光源等,LED 作为手机显示的背光源是 LED 应用最广泛的领域。

⑤投影光源。投影仪用 RGB 光源。

⑥普通照明。各类通用照明灯具、照明光源等。

目前市场上常见的 LED 光源有 LED 灯泡、LED 聚光灯、LED 射灯、LED 投光灯、LED 埋地灯、LED 舞台地板灯(发光地砖)、LED 吸顶灯、LED 彩虹管、LED 数字管形灯等。

2. 激光灯

激光是一种特种光源,具有单色性好、相干性好、方向性强和光强大等特点。能产生激光的器件称为激光器,又称为激光灯或镭射灯,它能产生细窄、艳丽及平行直进的光束。

适当利用不同的反射镜，可使激光束在空中转折反射而汇合成一片交织的立体光网；或在空中扫成片状的光板、立体的光锥、隧道等，再加上计算机及其他光学系统，可以使激光点在银幕、烟幕、水幕或云层中显现文字、商标和彩色图案等。大型歌舞晚会、舞会、节日庆祝及商业宣传等都可应用激光，配合音乐节拍来制造特殊视觉效果。

激光束从充入特殊气体的玻璃管中产生，通常低功率激光器充入氯气和氖气（发红光），高功率激光器充入氩气（发绿光）或氦气（发蓝绿光），新型的双气体激光器可以转换发出不同的光色。使用"绕射格栅"来分解光束可以进一步获得多种颜色。

我国文化部制定的《歌舞厅照明及光污染限定标准》规定：激光一般不应射向人体，尤其是眼部。激光波长限制在 380~780 nm。

（四）艺术照明用电光源

1. 霓虹灯

霓虹灯又称氖灯，是一种冷阴极放电灯。它是把透明的或涂有各种颜色荧光粉的玻璃管（称为粉管）在高温下弯制成文字或图形，抽真空后充入氩、氖、氖等气体，并在两端封接一对铜或不锈钢电极而成。

霓虹灯工作时必须配以霓虹灯变压器，将 220 V 交流市电升高至 15000 V，使气体放电而发出艳丽的光辉，有红、黄、绿、橙、蓝、白、粉红等十几种颜色可供选择。霓虹灯由于亮度高、颜色鲜艳，且能组成千变万化的文字和图形，因而是户外招牌、广告使用最多的电光源，同时也大量用于酒店、餐厅、歌舞厅作为室内装饰灯具。

霓虹灯广告牌经常配用各种鼓式闪光器或电子逻辑电路，使广告产生多种闪光、变光、变色和变化图案等特殊效果。电子式调光装置中的程序储存，可以使用集成电路存储和微型电子计算机等，按照各个程序进行选择应用即可。

2. 彩虹灯

彩虹灯全称为塑料彩虹灯或彩虹软管灯，是将数十个低压微型白炽灯泡串联起来，用高度透光而柔软的彩色塑料在高温下压塑包覆而成的一种装饰性灯具。使用电压依串联灯泡的数目不同而有 12 V、24 V、36 V、110 V、220 V 等多种形式可供用户选择，目前用得最多的是 220 V 的彩虹灯。它无需变压器，可以直接接入市电使用，十分方便，且耗电较省，每单元长度约 1 m，耗电 15.4 W；其另一突出优点是可以随意弯曲造型，具有高抗压及抗冲击性，适于在冰雪、大风、暴雨等恶劣环境下使用，平均寿命在 1 万小时。安装连接时，只需使用专用的连接器，即可将数十个单元的彩虹灯串联起来使用，特别适合建筑物的户外装饰、大型灯光"壁画"（造型）以及歌舞厅内部的造型装饰。其颜色有红、黄、橙、绿、蓝、白等多种，造价比霓虹灯低廉，但在发光的亮度、色彩的艳丽和强烈的闪烁效果等方面与霓虹灯相比仍有较大差距。近年随着 LED 的发展和价格下降，由低压微型白炽灯泡串联而成的彩虹灯已有逐步被 LED 组成的彩虹灯取代之势。

彩虹灯可通过走灯机或灯光控制台的控制，产生长光、闪光、追光等多种效果。

3. 满天星、蛇管灯、串灯

满天星、蛇管灯和串灯也是装饰照明常用的电光源，它们的结构及工作原理与彩虹灯相似，都是将多个小型低压灯泡串联后接于 220 V 市电工作的。不同之处是彩虹灯的低压灯泡体积更小，而且整体压塑成形，更美观和牢固耐用，连接方便，但造价高。而满天星和节日闪灯所用的串灯体积大一些，工艺简单，造价低廉，而且是单个装插头，外面不加套管。其中满天星是长明的，节日闪灯则串入一个跳泡，利用双金属片遇热弯曲断开而冷却后自动复原接通的原理，使整串灯不断闪烁。蛇管灯把满天星或节日闪灯装入透明软塑料管中，起保护作用和便于造型。节日闪灯和蛇管灯可有多种不同接法，以便于连接走灯机控制其产生闪燃、走动、轮流亮等不同效果。

4. 紫外线灯

紫外线灯又名紫外光灯、黑光灯或 UV 灯。

紫外线灯管内壁涂有特种荧光粉，能发出 370 nm 波长的近紫外线和少量的可见光。灯管壳是用含镍和钴的氧化物玻璃制作的，呈深蓝色，几乎能全部吸收荧光粉所发出的可见光，又能透过紫外线。紫外线灯管与普通荧光灯管外形相似，为直管形。它能使被照的白色衣服发出白色荧光，使一般较苍白的皮肤变成褐色，营造出一种神秘朦胧甚至梦幻般的气氛。由于紫外线灯价格不贵，耗电又少（每只 40 W），因而成了歌舞厅普遍使用的一种特殊光源。

5. 荧光软管

荧光软管由渗有荧光物质的塑料制成。它本身不会发光，严格讲不属于电光源范畴。但在紫光管的照射下能按照其本身所渗入的荧光物质不同而发出红、黄、绿、蓝等多种艳丽色彩的荧光，所以也可以把它看作一种被动发光的电光源。

荧光软管往往制成空心管形，直径为 8~10 mm，通常在其中心穿入铁丝，然后弯制成各种文字或图形，可吊挂于灯棚、天花或墙壁上，是一种价格低廉且装饰效果相当不错的材料，广泛用于歌舞厅等娱乐场所。

6. 频闪灯和雷光管

频闪灯又名闪光灯。频闪灯能发出极强烈的不断闪烁的白光，它利用人眼的"视觉暂留"效应来制造出特殊的幻影效果，是舞厅等娱乐场所常见的灯具之一。

我国文化部制定的《歌舞厅照明及光污染限定标准》规定：频闪灯的频闪频率不得高于 6 Hz（即每秒闪 6 次）。频闪灯具不宜长时间连续使用。

如果把数盏（如四盏）频闪灯分别装上不同颜色的滤光器，用一台控制器同时进行控制，能产生非常艳丽的效果，这称为彩虹频闪灯。也有把 10 多只频闪灯组成圆形或方形的造型，称为频闪屏或频闪墙。

　　将多个小型频闪灯泡装于玻璃管或软塑料管内，通过控制器使各灯泡轮流闪光，就组成频闪灯管，俗称雷光管。把多支雷光管串连成一体，通过控制器的作用，可产生快闪或慢闪等特殊效果。

　　7. 光纤

　　光纤照明是通过光纤把光源发生器的光线传播到指定区域的一种照明方式。

　　（1）光纤照明系统的组成

　　①光源。单根光纤的尺寸和需要的照度等一般取决于所采用光源的瓦数和形式。理想的光纤照明灯是那种具有非常小的发光面积而光通量输出很高的灯。光源后部的反射器和前部的透光镜有助于高效地把光传输入光纤。

　　通常使用的灯包括 20~75 W 低压 MR16 灯和 70~250 W 金属卤化物灯。MR16 有钨丝的卤化物灯可通过细灯丝进行精确的光束控制，有些新型紧凑式金属卤化物灯也能提供同样精密的光束控制。

　　②发光器。将光纤照明系统用的光源装入外罩内的装置称为发光器。外罩用薄金属板、耐冲击塑料制成。发光器可配装滤光镜头滤除灯所发射出来的大部分红外线（IR）和紫外线（UV）能量。因而，光纤照明系统用于照射纺织品、绘画和食品是很理想的。

　　由于光线是从灯传输至光纤末端的，因此发光器也可配装二色玻璃滤光盘以达到颜色的连续或固定变化。另外，色盘的运动可用计算机处理以营造特殊的效果，例如，光的定时变化或像频闪的瞬间光。为了增大复杂的照明装置的功率，也可将几台发光器前后直排连接或串联连接。

　　③光导体。用于将光从光源传输到灯具的材料被称为光导体。典型的光导体有塑料纤维束或玻璃纤维束。塑料纤维分为粗纤芯塑料纤维和细纤芯塑料纤维。粗纤芯塑料纤维是指直径达 20 mm 的实心聚合物纤维，涂有薄的涂层，涂层材料的折射率较纤芯低。细纤芯塑料纤维是指直径达 2 mm 的实心聚合物纤维，涂有薄的涂层，涂层材料的折射率较纤芯低。它可制成任何长度且能在现场切割。本质上，以上两种形式的塑料纤维使用条件是相似的，且有相同的环境限制。玻璃纤维束（GFB）是指用玻璃制成的圆形光导体，玻璃直径在 0.002~0.006 英寸（in，1 英寸 ≈2.54 厘米）（约为头发的粗细）。玻璃纤维通常是末端发光型，它具有特殊的优点——玻璃材料在整个使用期间不会丧失它的透明度（即不会变黄）。玻璃纤维束较塑料纤维束细得多。因此它与塑料纤维不同，不能在现场切割，玻璃纤维束一般由工厂切割并装配好。

　　光纤光导体的基本材料为纤芯和涂层。纤芯为传输光线的部件，涂层为薄薄的材料，具有较低的折射率，牢固地涂在纤芯的外围。从浅角入射涂层的光束被反射回到纤芯。

　　大部分光纤有第三层保护套。保护套有黑色、透明的或半透明的白色。对于末端发光的光纤使用黑色不透明的保护套。对于看上去像霓虹灯的侧面发光的光纤，或者类似于荧光灯的条形发光光纤，使用透明的或白色的保护套。

④光纤端口或总套圈。这是在一束光纤范围内，安装在光缆上的连接器，用它插到发光器上使光亮输出最大。制造商可在发货前将线束装配好（叫作装端口），或者为适应变化的情况，也可在现场装配。

⑤连接器、耦合器和套圈。使用这些器件将一个系统的各个部件做机械上或光学上的连接。用连接器将一条光纤固定到端口或灯具上，将一条光纤对准装配到发光器上，两条光纤相互之间的对接用耦合器。套圈是一个终端器件，用于保护光纤的正确定位。套圈通常与特定的光纤一起由工厂设计加工，因此只要简便地将套圈插入灯具的连接套内即可。

（2）光纤的特点

①由于光纤的自身特性和光的直线传播原理，光纤在理论上可以把光线传播到任何地方，满足了实际应用的多元性。

②可以通过滤光装置获得所需要的各种颜色的光，以满足不同环境下对光色彩的需求。

③通过光纤尾件的设计和安装，照明从抽象化转变为形象化。光纤照明赋予了光线质感、空间感，甚至赋予了光线生命，图2-18为光纤示意图。

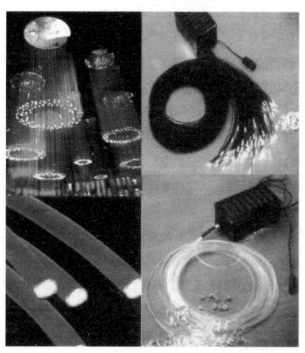

图 2-18　光纤

④光纤照明实现了光电分离，这是一个质的飞跃，不仅安全性能提高了，而且应用领域大大地拓宽了。

⑤塑料光纤照明系统光色柔和，没有光污染。塑料光纤装饰照明采用过滤光谱的方式改变光源发光颜色，通过光纤传导后，色彩更显柔和纯净，给人的视觉效果非常突出。

⑥一般的光源所发生的光谱不仅包括了可见光，还包括了红外线和紫外线。在一些特殊场合，红外线和紫外线都是需要避免的，如文物照明。由于塑料光纤的低损耗窗口位于可见光谱的范围，红外线和紫外线的透过率很低，再加上对光源机的特殊处理，所以从光纤发出来的光都是无红外线和紫外线的冷光。

（3）光纤照明

①电视会议桌面照明。采用末端发光系统，配置聚光透镜型发光终端附件由顶部垂直照射，在桌面形成点状光斑，适合与会人员读写而又不影响幻灯投影讲解的进行。

②置于顶部较高、难以维护或无法承重的场所的效果照明。将末端发光系统用于酒店大堂高大穹顶的满天星造型，配以发散光透镜型水晶尾件和旋转式玻璃色盘，可形成星星闪闪发光的动态效果，非一般照明系统可比拟。

③建筑物室外公共区域的引导性照明。采用落地管式（线发光）系统或地埋点阵指引式（末端发光）系统用于标志照明，同一般照明方式相比减少了光源维护的工作量，且无漏电危险。

④室外喷泉水下照明。采用末端发光系统，配置水下型终端，用于室外喷泉水下照明，且可由音响系统输出的音频信号同步控制光亮输出和光色变换。其照明效果及安全性好于普通的低压水下照明系统，并易于维护，无漏电危险。

⑤建筑物轮廓照明及立面照明。采用线发光系统与末端发光系统相结合的方式，进行建筑物轮廓及立面照明。其施工方便，安装周期短，具有较强的时效性，且能够重复使用，节省投资。

⑥建筑物室内局部照明。采用末端发光系统，配置聚光透镜型或发散光透镜型发光终端附件用于室内局部照明。如博物馆内对温湿度及紫外线、红外线有特殊控制要求的丝织品文物、绘画文物或印刷品文物的局部照明，均采用光纤照明系统。

⑦灯箱、广告牌照明。线发光光纤柔软易折不易碎，易被加工成不同的图案，无电击危险，无需高压变压器，可自动变换光色，并且施工安装方便，能够重复使用。因此，常被用于设置在建筑物上的广告牌照明，同传统的霓虹灯相比，光纤照明具有明显的使用性能优势。

⑧根据光纤照明的多样性等特点，光纤照明的销售市场主要面对装饰照明、娱乐灯光、艺术照明以及特殊照明。

第四节 光源的选择与应用

不同的光源根据其发光特性、能效指标以及光度学指标、色度学指标,应用于不同领域。

一、光源的几项物理指标

①光通量——按光谱光视效率函数加权的辐射通量,表征光源的发光能力,以流明(lm)表示。能否达到额定光通量是考核光源质量的首要评判标准。

②光效——光源发出的光通量与它消耗的电功率之比,单位为 lm/W。白光的理论最高光效为 250 lm/W。

③寿命——光源的寿命以小时计,通常有两种指标:

一是有效寿命。光源在使用过程中光通量逐渐衰减。从开始使用至光通量衰减到初始额定光通量的某一百分比(通常是 70%~80%)所经过的点燃时数叫有效寿命。超过有效寿命的光源继续使用就不经济了。白炽灯、荧光灯多采用有效寿命指标。

二是平均寿命。一组试验样灯从点燃到 50% 的灯失效(50% 保持完好)所经历的时间,称为这批灯的平均寿命。高强放电灯常用平均寿命指标。

④一般显色指数——光源显色性能的定量指标,以 Ra 表示,是推荐的八种样品的特殊显色指数的平均值。

光源的这些基本特性是评判其质量与确定其合理使用范围的依据。

二、光源的选择

1. 光源选用原则

①更高光效(lm/W),达到更好的节能、环保效果;

②合适的色温,满足场所使用对显色性的要求;

③较稳定的发光,包括限制电压的波动和偏移造成的光通变化,和电源交变导致的频闪,最好能直接在标准电源上使用;

④良好的启动特性,接通电源后立即燃亮;

⑤使用寿命更长,光通衰减少;

⑥性能价格比好。

2. 光源选用常识

①无特殊要求,应尽量选用高光效的气体放电灯,当使用白炽灯时,功率不应超过100 W。

②较低矮的房间（4~4.5 m）宜用荧光灯，更高的场所宜用氙气灯（HID）。

③荧光灯以直管灯为主，直管荧光灯光效更高，寿命长，质量较稳定；需要时（如装饰）可用单端和自镇流荧光灯（紧凑型）。

④用 HID 灯时应选用金卤灯、高压钠灯，汞灯属于淘汰产品。金卤灯具有较好的显色性和光谱特性，比高压钠灯更有优势，在多数场所，具有更佳视觉效果。

⑤陶瓷内管金卤灯比石英管金卤灯具有更高光效（高 20%），更耐高温，显色性更好（Ra 为 82~85），光谱较连续，色温稳定，有隔紫外线效果。

⑥脉冲启动型金卤灯，比普通金卤灯提高光效 15%~20%，延长寿命 50%，改善了光通维持率，配电感镇流器和触发器即可启动。

⑦直管荧光灯的管径趋向小型，有利于提高光效，节省了制灯材料，特别是降低了汞和荧光粉用量，从 T12 到 T8 到 T5，当前主要目标是用 T5 取代 T8、T12，进一步再用 T2；管径小使 Ra 更高（Ra 为 85），光效提高，光衰小，寿命更长，更符合节能、环保要求。

⑧紧凑型荧光灯将被无极灯取代。无极灯光谱接近白炽灯，是台灯的最佳光源。由于无极灯寿命超长、显色性优良，因此非常适合用于隧道、工矿照明。

LED 作为第四代光源，在 10W 以下小功率光源光替代传统光源，景观照明、装饰照明或舞台照明中有独特优势。但在台灯、路灯及其他专业照明领域目前优势则不明显。

3. 光源的选用方法

选用照明光源及其电器附件，应该符合国家现行相关标准的有关规定。

（1）按场所功能、照明要求选择光源

①泛光照明宜采用金属卤化物灯或高压钠灯。

②内透光照明宜采用三基色直管荧光灯、LED 或紧凑型荧光灯。

③轮廓照明宜采用紧凑型荧光灯、冷阴极荧光灯或 LED。

④商业步行街、广告等对颜色识别要求较高的场所宜采用金属卤化物灯、三基色直管荧光灯或其他高显色性光源。

⑤园林、广场的草坪灯宜采用紧凑型荧光灯、LED 或小功率的金属卤化物灯。

⑥自发光的广告、标识宜采用 LED、场致发光（EL）等低耗能光源。

⑦通常不宜采用高压汞灯，不应采用自镇流荧光高压汞灯和普通照明白炽灯。

（2）按环境条件选择光源

环境条件常常限制一些光源的使用，必须考虑环境许可的条件选用光源。例如，荧光灯最适宜的环境温度为 20~25℃，在低温时会启燃困难，不能用在环境温度特别高或特别低的场所，否则光通量将大幅度下降。同时，荧光灯不适宜用于湿度高的环境，一般相对湿度为 60%，在 75%~80% 时则对其使用寿命很不利，必须在使用时采取密封措施。荧光灯也不宜用在开关频繁的场所。白炽灯的光效低、电耗大、发热量大、寿命短、运行费用高，不适宜用在要求照度高、长时间照明或有高精度要求的恒温场所。

（3）按经济合理性选择光源

选用高光效的光源，在达到同样照度时可减少所需光源的个数，从而减少电气设备费用、材料费、安装费，即减少初投资。

选用高光效、寿命长的光源可以节约运行费用。通常照明装置的运行费用超过初投资。运行费用包括电费、灯泡消耗费、照明装置维护费以及折旧费，其中电费和照明装置维护费占较大比重。

（4）以实施绿色照明工程为基点选择光源

绿色照明工程旨在节约能源、保护环境，有益于提高人们生产、工作、学习的效率和生活质量，保护身心健康。其具体内容是：采用高光效、低污染的电光源，提高照明质量、保护视力、提高劳动生产率和能源有效利用率，实现节约能源、减少照明费用、减少火电工程建设、减少有害物质的排放的目标，以达到保护人类生存环境的目的。

第三章　建筑照明灯具

第一节　灯具的发展简史

一、灯具的发展概述

灯具是一种产生、控制光源，并把光源发出的光进行再分配的器件。灯具通常由以下几个部件组合而成：一个或若干个灯泡，用于分配光的光学部件，用于固定灯泡并提供电气连接的电气部件（灯座、镇流器等），用于支撑和安装的机械部件等。通常把光源与灯具的组合称为照明器。

照明器的作用是发出光线，固定光源，向光源提供电力，合理利用光源发出的光线使其向需要的方向射出适量的光，防止眩光和保证光源免受外力、潮湿及有害气体的影响，以满足被照面上照明质量的要求。照明器还具有装饰的作用。

最初人类使用从火产生的热量而发光，大约在 15000 年前发明了用动物油脂制作的原始油灯，随后出现了灯芯草灯（将灯芯草插入溶化的油脂中点燃而发光），它是蜡烛的雏形。传统的街道照明可以追溯到古罗马，当时使用火把照亮潜在的危险区域，加强城防和保障安全是照明的主要目的。欧洲城市的公共环境照明据说是 1667 年在路易十四的命令下，于街道上横挂线网悬吊蜡烛开始的。17 世纪末，人们开始在立于路侧的木杆上安装油灯进行街道照明。18 世纪早期，用作路灯支架的木杆被铸铁支架替代。1807 年，工程师艾伯特·温莎（Albert Winsor）将其设计的著名的煤气灯放置在雅致的铁灯柱上，街道照明从此具有了景观价值。直到 19 世纪末期爱迪生发明了钨丝灯，煤气灯随后逐渐被电光源替代，光能才被大量使用，它的发明及普及使得人类生活变得更加丰富多彩。由于不同的历史时期人们的审美观、科技发展水平、用于照明的燃料或能源不同，与之相结合的灯具的造型、材料、功能也不尽相同。

二、中国灯具的发展

我们所说的灯具，一般包括光源、灯罩和灯架。其中光源的发展经历了两大阶段，即火焰光源阶段和电光源阶段。从原始先民燃起的第一堆篝火到后来的火炬、油灯、蜡烛、灯笼等,都属于火焰光源;电光源是在19世纪由西方人首先发明并逐渐传入我国的,白炽灯和荧光灯是常用的两种电光源。而作为光源载体和主要部件的灯罩和灯架,其功能、结构和形式的变化也随着光源形式的变化发生了本质的改变。

1. 中国灯具概况

在我国古代灯具发展过程中,以青铜灯具、陶瓷灯具和宫灯为突出代表。汉代的青铜灯具,在功能、结构、造型、装饰以及制作工艺上,都有很高的成就。比如,汉代已经有了能挡风调光的灯罩和能够消烟除尘的导风管,说明我国是世界上最早发明和使用灯罩、最早解决灯烟污染问题的国家。陶瓷灯具是我国古代使用时间最长,普及范围最广的灯具。英国著名学者李约瑟在其著作《中国科学技术史》中指出,唐宋时期的省油瓷灯预示了蒸汽与水循环系统的现代化技术。而宫灯则是与我国封建社会宫殿建筑相适应的特有产物,是最具民族特色的灯具形式之一。直到今天,宫灯还在现代化的中式建筑中广泛使用,成为一种体现人文精神和高贵格调的重要手段。我国古代的制灯工匠,在创造了各种以实用为主的照明灯具的同时,还结合民俗和民间艺术活动,创造了丰富多彩的、以装饰欣赏为主要目的的民间彩灯。

2. 中国古代灯具的演变历程

灯具的发明与人们对火的认识和利用有着密切联系,人类认识和保存火种是灯具发明的前提。数十万年前,随着人类对火的功用的认识不断提高,火不仅成了人们能吃到熟食的最珍贵财富,还成了人们用来照明、驱逐黑暗的唯一工具。又经过漫长岁月的生活实践,人们掌握了人工取火技术之后,为满足照明方式的不同需要,逐渐开始有意识地借用一些辅助设备来固定火源。这些用来固定火源的辅助设备经过不断的改进和演变,便出现了专门用来照明的灯具。

在中国,用于照明的"烛"在西周时期出现于人们的日常生活中。当时人们用于照明的器具主要有"烛""燎"等。"烛"是一种由易燃材料制成的火把;"燎"是放在地上用以点燃的细草和树枝,"燎"放置于门外称作"大烛",放置于门内侧称作"庭燎"。到战国时期,出现了真正意义上的灯具——青铜灯具,做工精美、装饰性较强的青铜灯具主要用于室内照明,如图3-1~图3-3所示。两汉时期,继青铜灯具之后出现了陶质灯具、铁质灯具、石质灯具等新型材质的灯具,从造型上看,除了人俑灯具和仿日用品器型灯具之外,还出现了动物造型的灯具款式。功能方面,除原有的座灯外,又出现了行灯和吊灯。行灯是一种手持灯,方便实用,已经与园林匹配使用。两汉时期以陶质灯具为主流。

魏晋南北朝至宋元时期,青铜灯具逐渐退出历史舞台,陶瓷灯具尤其是瓷灯已成为灯具中的主体,如图3-4所示。汉代始现的石灯随着石雕工艺的发展开始流行,铁质、玉质、木质烛台开始出现,并逐渐普及。由于材质的改变,这一时期灯具在造型上也发生了较大变化,盏座分类,盏中无烛扦已成为灯具最常见的形式,多枝灯已很难见到。

图 3-1　战国人形青铜灯图

3-2　西汉彩绘雁鱼青铜灯

图 3-3　东汉绿轴孔雀陶灯

图 3-4　唐代白瓷莲瓣座灯

　　明清两代是中国古代灯具发展最辉煌的时期，最突出的表现是灯具和烛台的材质和种类更加丰富，除原有材质的灯具外，又出现了玻璃和珐琅等新材料灯具。宫灯的兴起，更开辟了我国灯具史的新天地。宫灯主要是指以细木为骨架镶以绢纱和玻璃，并在外绘各种图案的彩绘灯，可分为供桌上使用的桌灯、庭院使用的牛角明灯、墙壁悬挂的壁灯、宫殿内悬挂的彩灯、供结婚用的喜字灯和供祝寿用的寿字灯。烛台是明清两代剧院、饭店等公开场所的常用之物。

　　3. 灯笼——中国灯文化的代言人

　　灯笼，在中国文化中一直占据着重要地位。灯笼艺术作为中华民族的传统文化，也被炎黄子孙继承和延续着，可以说灯笼在中华民族悠久的历史中，扮演着不可替代的角色，它也象征着中华民族灿烂的文化。每逢节日，最能牵动中国人情感并体现喜庆气氛的非灯笼莫属。从灯笼被高高悬挂的那一刻，华夏儿女的心也随之凝聚到了一起。那种红色、那种圆满已经成了一个符号，它能随着中华民族的节日、风俗传衍千年，或许正是因为它本身的特性能够与人心契合。

灯笼的功能大致上可以分三类：一是照明，在家居、交通（行路、行船）以及公共场所（道路、戏台、祠堂、寺庙等）都被广泛应用；二是营造喜庆气氛，凡节日、庆典、宗教仪式都能见到它的身影；三是招幌，挂于食肆、酒坊之类的门口。上至宫廷的皇家贵族下到普通的黎民百姓，无一不崇尚灯笼文化，在历史学家的考证中，证明了中国的灯笼是世界上最早发明的便携照明工具。

除日常用照明设施外，我国特有的景观照明现象就是元宵观灯。元宵节张灯结彩的习俗始于东汉明帝时期，其后历朝历代都以正月十五张灯、观灯为一大盛事。魏晋南北朝时，已出现以纱葛或纸为笼，燃烛其上的灯笼。灯笼的出现，不仅保证了在有风情况下室外张灯正常进行，也为灯外装饰开辟了新的天地。唐宋时期，彩灯的制作进入盛世。明清时期，彩灯的品种和式样都有了新的发展。清兵入关后，除接受汉人元宵节张灯之俗外，又把满人的冰灯之俗引入元宵节中。

纵观几千年的中国灯具史，可以说我国在灯具的实用性和装饰性方面进行了深入的探索和实践，取得了伟大的成就。

第二节　灯具的作用和特性

一、灯具的作用

灯具主要有以下作用：

①合理配光，即将光源发出的光通量重新分配到需要的方向，以达到合理利用的目的。

②防止光源引起眩光。

③保护光源免受机械损伤，并为其供电。

④提高光源利用率。

⑤保护照明安全（如防爆灯具）。

⑥装饰美化环境。

⑦营造设计的艺术意境、氛围或特殊效果（如影视、舞台灯具）。

二、灯具的特性

一般灯具的特性包括发光效率（简称光效）、保护角和配光曲线三项。

（一）发光效率

灯具所发出的总光通量与灯具内所有光源所发出的总光通量之比，称为灯具的发光效率。灯具在分配从光源发出的光通量时，由于材料的吸收与透射等原因，必然会引起一些损失，所以灯具的光效总是小于1的。这里需要注意，不要与光源的光效混淆，如前所述，光源的光效是指光源发出的光通量与该光源所消耗的电功率之比。

（二）保护角

灯具的保护角是用来遮蔽光源使观察者的视觉免受光源部分的直射光的照射。它表征了灯具的光线被灯罩遮蔽的程度，也表征了避免灯具直射产生眩光的范围。灯具的保护角如图3-5所示。

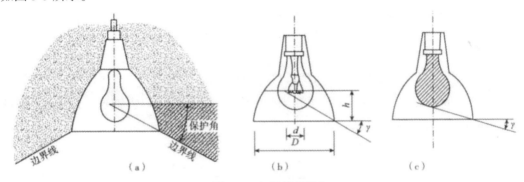

图3-5　灯具的保护角

对于高亮度的光源不宜采用没有保护角的灯具，否则将产生严重的直接眩光。增大保护角是限制直接眩光的一种方法。保护角的大小不但与光源的亮度、方向有关，而且与使用场所的要求有关。

（三）配光曲线

光强空间分布是灯具的重要特性，通常用曲线来表示，称为配光曲线。配光曲线一般有三种表示方法：一是极坐标配光曲线；二是直角坐标配光曲线；三是等光强曲线。

1.极坐标配光曲线

在极坐标上，将各个方向测得的光强大小用矢量法标出，然后将矢量端连接起来，就得到了灯具在被测平面内的配光曲线，如图3-6所示。

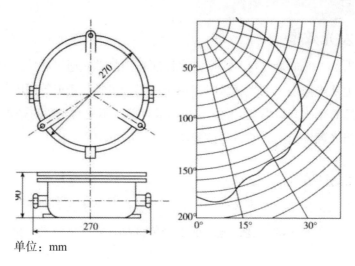

单位：mm

图 3-6　灯具的极坐标配光曲线

2. 直角坐标配光曲线

对于聚光型灯具，由于光束集中在十分狭小的空间立体角内，很难用极坐标来表达其光强的空间分布状况，因此可以采用直角坐标配光曲线表示法，以纵轴表示光强，以横轴表示光束的投射角，如图 3-7 所示。

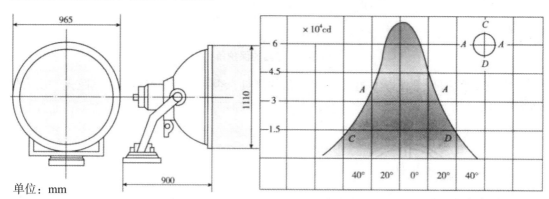

单位：mm

图 3-7　灯具的直角坐标配光曲线（旋转对称）

3. 等光强曲线

将光强相等的点（矢量顶端）连接起来的曲线称为等光强曲线。将相邻等光强曲线的值按一定比例排列，画出一系列的等光强曲线所组成的图称为等光强图。通常将两者合称为等光强曲线图。常用等光强曲线图有圆形网图、矩形网图与正弦网图。由于矩形网图既能说明灯具的光强分布，又能说明光通量的区域分布，所以目前投光灯等灯具采用的等光强曲线图都是矩形网图。

第三节 灯具的类型

一、室外灯具的主要类型

室外灯具由于应用于户外，必须考虑抵抗各种不利环境影响，需严格防水、防尘、防紫外线、防撞、防震、防腐蚀；同时在功能上又要具备高效率的发光能力、优越的控光能力、便于拆装检修的机械构造、良好的散热性能和防漏电功能，因此室外灯具对专业技术有更高的要求。设计优良的室外照明灯具往往需要金属材料技术、非金属材料技术、光学技术、机械技术、光源技术、电气技术及工业设计等多个领域的专业技术的支撑。室外灯具从不同使用功能和安装方式上分为以装饰性为主的灯具和以功能性为主的灯具。装饰性的灯具主要在造型上传承如石灯、灯笼、宫灯等原始造型，与景观风格相协调，以利于白天的观赏；功能性的灯具往往呈现简洁现代的设计造型，更注重照明的视觉效果，通常隐藏在人们视线以外，这里主要指照射各种景观元素的投光灯、埋地灯和水下灯等。此外，单独设置的杆式灯具或视野中必然触及的室外灯具，必须既要重视灯具外观与环境景的观融合，又要重视功能上的合理性，"造型"与"照明"两者兼顾。

1. 杆式照明灯具

（1）高杆灯

高杆灯一般是在 15~45m 高的灯杆上悬挂成组大瓦数气体放电灯具，为大面积场所提供整体的水平照明，其优点是照度均匀，眩光效应低，主要适用高速路、机场、海港、货运码头、商业广场、运动场、工厂厂区、停车场等场所。

（2）路灯

路灯主要高度在 6~12 米，由灯头和灯杆两部分组成，路灯常使用的光源为高压钠灯、高压汞灯和金卤灯，目前也开始使用 LED。根据车行道宽度和灯杆高度等空间几何关系，调整灯头的仰角，可调整为 0°、3°、6°，从而改变配光效果。

（3）步道灯（庭院灯）

步道灯（庭院灯）高度通常在 2~6 m，主要用于人行步道和庭院的照明。此类灯具分别由灯杆、灯罩、光源、控光部件（反射器）、控制装置等组成。步道灯的光源包括紧凑型荧光灯、高压钠灯、金卤灯、电磁灯、LED 等。按照灯具的光照方式和光通在上下空间的分布，该类灯具可分为漫射型、直接型、间接型和方向型（原理同室内灯具）。步道灯主要应用于广场、公园、住宅小区等户外开放空间，为人群活动提供一定的水平照度和垂直照度。

（4）矮柱灯

矮柱灯是指高度在 1.2 m 以下，为路面提供低位照明、警示和空间限定的灯具，矮柱灯的造型较为丰富，既有简洁的几何造型，也有豆芽状、蘑菇状等仿生造型。出光方式多为侧向出光。矮柱灯应用于人行道、步行街、广场、公园、住宅小区等户外开放空间，为步行空间提供较低的水平照度和垂直照度，也可安装于花卉或灌木丛中，点缀植物景观。

2. 投光灯

投光灯的体形大小各异，有用于照射桥梁的大型投光灯，功率可达 2000 W；也有用于照射古建檐口、瓦当的 LED 投光灯，直径 3 cm 左右，功率 1 W。投光灯一般由下列部件组成：灯体、电器箱盖板、玻璃、支架、螺栓螺钉、玻璃固定件、反光器、光源、电器、附件框。通过对灯具增加防眩光格栅、反光板、遮光罩以及色片等附件，可以有效地控制出光；也可增加保护网，防止玻璃遭受撞击。多数光源都可用于投光照明，如白炽灯、紧凑型荧光灯、金卤灯、高压钠灯、LED 等。

用于照射广场、运动场地、草坪和树丛等大范围景物的宽光束投光灯，多为方形出光口。玻璃框同灯体轴挂在一起，松开固定卡件，即可打开前窗，更换光源。

窄光束投光灯，多为圆形出光口。通过安装不同类型的反射器和折射器，可以产生窄配光、中配光、中宽配光、宽配光的出光形式，可以是对称型或非对称型。

此类投光灯多在支架上配有瞄准器，便于瞄准投光目标。

用于局部照明的小型投光灯，能够细致刻画景观元素。

3. 嵌入式（埋地／嵌墙）灯具

（1）埋地灯

部分埋地灯是用于投光照明的大型灯具，配有反射罩，可调节出光方向，配备各种可替换的彩色滤光镜、防眩光格栅和光学透镜，可提供多种照明效果，满足不同的应用需求；一些起到小型投光作用，光源为卤钨灯、金卤灯或节能灯的，可以用于照射墙壁、雕塑、树木、灌木、花篱、地面等（图 3-8）；另外一些起装饰和警示作用，灯具体形小巧，平面造型各异，光源以小型冷光源为主，灯具表面温度低的，可以用于广场铺地，起引导作用，也可用于水边等有高差的位置，起边界警示作用。

图 3-8　埋地灯

埋地灯要求要有很高的防护等级，一般要达到 IP67；要有很高的抗撞击强度；因为裸露在地面上，还要有很高的耐压强度，负重应在 1000~5000 kg；玻璃表面温度最好低于 75℃；埋地灯的棱镜材料还需要有良好的抗紫外性能。以下两种类型的埋地灯正得到广泛的应用：①完全封闭型，灯具宽且浅，将所需孔洞深度减至最低，用于由浓密的土壤和岩石组成的土质。无论是位于草坪中间向上照射树木，还是用于由矮小植物组成的环境，直埋式灯具均能良好的工作。②预埋筒型，要确保预埋筒下有 300 mm 用于排水的沙砾层，或在灯具下部垫上深度不少于 300 mm 的粗碎石，进线电缆采用防水缩头。这种方式宽度减小，但深度增加，应具有足够的排水能力。在排水能力不好的土壤中，草坪下的埋地灯必须包含水平和垂直的排水系统。

埋地灯的缺陷是调节角度的能力差。通常可调节范围是 0°~15°，部分新产品可以调节至 35°。

（2）嵌墙灯

嵌墙灯由灯体、预埋件、光源三部分组成，方形或圆形外观，光源多为白炽灯、高压钠灯、金卤灯及节能灯。相对埋地灯而言，嵌墙灯对防水、抗压等要求降低，因而具有更多的形式和灵活性，适用于走廊、通道、阶梯、庭园等低位功能性照明使用。（见图 3-9）

图 3-9　嵌墙灯

为了提高光效，避免对行人造成眩光干扰，嵌墙灯往往配备防眩光格栅，部分嵌墙灯采用间接照明方式。光线直接射到地面，将杂散光最小化，提高照明效率。

与建筑同步施工时，可直接把藏墙箱预埋于墙壁内；对于已施工的要在墙壁上开洞固定藏墙箱，安装螺钉并每边配两个出线孔，通过螺钉将灯体固定到预埋件上。嵌墙灯的防护等级在 IP65 左右，抗撞强度大于 5 J。

4. 水下灯

水下灯通常又被称为水下投光灯，其在性能和构造上不同于普通的投光灯。由于安置在水中，灯具具有很好的防水性能、绝缘性能以及防腐蚀能力。因此，水下灯各部件之间无缝连接形成整体，结构非常紧密。水下灯可以用来投照喷泉、池岸及水中构筑物，一般体形较小，可附加各种颜色的滤色片，形成五彩斑斓的水景。（见图 3-10）

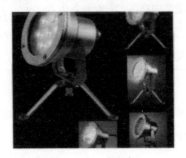

图 3-10　水下灯

照明设计师需要关注白天水体中的灯具位置是否理想，如果破坏了水景的视觉效果，就要为装置提供一个隐藏起来的空间。固定的水下灯通常用来在物体（如水池中的踏步石）下部发光，当装置不被隐藏时，需要考虑眩光问题。

5. 直接安装的装饰型灯具

直接安装的装饰型灯具主要有壁装式、悬挂式、支架式三种。

壁装式灯具通常用于快车道或步行道的入口，建筑物外墙面和大门入口处，出光方式也因控光技术的变革而灵活多变，可以单向出光、上下出光以及四向出光，光斑形式多样。特别应注意眩光问题。

悬挂式灯具类似于中国传统的灯笼，可在门头、挑檐、廊架等处悬挂使用。

支架式灯具有两种形式，一种是灯体直接安装于墙头、柱顶；另一种是用矮的托架支撑灯体，可直接安置于地面，或放置在矮墙与平台之上。

二、室内照明灯具的类型及特征

照明灯具习惯以安装方式命名、分类，如吊灯、吸顶灯、嵌入式暗藏灯、壁灯、台灯、落地灯等。这种分类方法没有反映照明灯具光分布的特点。国际照明委员会（CIE）推荐以照明灯具光通量在上下空间的比例进行分类的方法，已被国际照明界普遍接受。

1. 室内照明灯具的分类（CIE 建议分类）

按照这一方法，将室内照明灯具分为五类：①直接型；②半直接型；③均匀扩散型，其中包括水平方向光线很少的直接—间接型；④半间接型；⑤间接型。各类灯具的光通分配比例见表 3-1。

表 3-1　各类灯具的光通分配比例一览表

类型	直接型	半直接型	均匀扩散型	半间接型	间接型
上半球光强分布	0 ～ 10%	10%~40%	40%~60%	60%~90%	90%~100%
下半球光强分布	100%~90%	90%~60%	60%~40%	40%~10%	0~10%
特点	光线集中，工作面上可获得充分照度	光线能集中在工作面上，空间也能得到适当照度。比直接型眩光小	空间各个方向光强基本一致，可达到无眩光	增加了反射光的作用，使光线比较均匀柔和	扩散性好，光线柔和均匀，避免了眩光，但光的利用率低

（1）直接型

由直接照明灯具产生向下的光分布，其中 90%~100% 的光通量到达假定的工作面上，人们可以看到照明灯具的光源以及光的分布。

（2）半直接型

由间接照明灯具产生向上的光分布，把由半透明材料制成的灯罩罩在光源上部，使60%~90%的光线集中射向工作面，10%~40%的被罩光线又经半透明灯罩扩散而向上漫射，其光线比较柔和。人们看不到光源，但是可以看到光的分布，光线的分布在上下两个空间中，实质上，墙体间接成为灯具的反射器，光线经过墙面漫反射，扩大光的分布范围。这种灯具常用于较低房间的一般照明。

（3）均匀扩散型

利用灯具的折射功能来控制眩光，将光线向四周扩散漫散，灯具产生的均匀扩散光分布，可避免眩光。

这种照明灯具有两种形式：一种是光线从灯罩上口射出经平顶反射，两侧从半透明灯罩扩散，下部从格栅扩散；另一种是用半透明灯罩把光线全部封闭而产生漫射。这类照明光线柔和，视觉舒适，适于卧室。

（4）半间接型

由半直接照明灯具产生向下的光分布，把半透明的灯罩装在光源下部，60%以上的光线射向平顶，形成间接光源，10%~40%的光线经灯罩向下扩散。这种灯具照明可产生比较特殊的照明效果，使较低矮的房间有增高的感觉；也适用于住宅中的小空间部分，如门厅、过道、服饰店等。

（5）间接型

将光源遮蔽而产生向上的光分布，其中90%~100%的光通量通过天棚或墙面反射作用于工作面，10%以下的光线则直接照射工作面。

通常有两种处理方法：一是将不透明的灯罩装在灯泡的下部，光线射向平顶或其他物体上反射成间接光线；二是把灯泡设在灯槽内，光线从平顶反射到室内成间接光线。商场、服饰店、会议室等场所，一般作为环境照明使用或提高背景亮度。

2.按安装进行的灯具分类

（1）顶棚悬吊型灯具

顶棚悬吊型灯具的安装高度最低点应离地面不小于2.2m，利于创造室内空间视觉中心。吊灯的花样最多，常用的有欧式烛台吊灯、水晶吊灯、中式吊灯、时尚吊灯等，可分为单头吊灯和多头吊灯两种。

①欧式烛台吊灯。

欧洲古典风格的吊灯，灵感来自古时人们的烛台照明方式，那时人们都是在悬挂的铁艺上放置数根蜡烛。如今很多吊灯设计成这种款式，只不过将蜡烛改成了灯泡，但灯泡和灯座还是蜡烛和烛台的样子。

②水晶吊灯。

大多由仿水晶制成，但与仿水晶所使用的材质不同，质量优良的水晶灯由高科技材料制成。

③中式吊灯。

外形古典的中式吊灯，常配有中式图案，明亮利落。

④时尚吊灯。

具有现代设计感的吊灯，款式众多。

（2）吸顶型灯具

灯具直接与顶棚相连，可直接装在天花板上，安装简易，款式简单大方，赋予空间清朗明快的感觉。适用于空间比较低矮的客厅、卧室、厨房、卫生间等处照明。

（3）壁灯

壁灯直接安装于墙面上，起到突出空间的重要性和装饰的作用，常用的有双头壁灯、单头壁灯、镜前壁灯等。灯泡的安装高度应离地面不小于1.8m。要特别注意灯具的外观和防止眩光。

（4）嵌入式灯具

①顶棚嵌入——筒灯。

筒灯一般装设在卧室、客厅、卫生间的周边天棚上。这种嵌装于天花板内部的隐置性灯具，其所有光线都向下投射，属于直接配光，可以用不同的反射器、镜片、百叶窗、灯泡，来取得不同的光线效果。筒灯不占据空间，可增加空间的柔和气氛，如果想营造温馨的感觉，可试着装设多盏筒灯，减轻空间压迫感。

②墙地嵌入灯具。

镶嵌于墙面或地面，一般灯具光线柔和，避免产生眩光。

（5）射灯

射灯可安置在吊顶四周或家具上部，也可置于墙内、墙裙或踢脚线里。光线直接照射在需要强调的照明对象上，以突出主观审美作用，达到重点突出、层次丰富的艺术效果。射灯光线柔和，既可对整体照明起主导作用，又可局部采光，烘托气氛。射灯分低压、高压两种，此外，还有轨道式射灯，其可安装在通电的槽沟内，在轨道上调节位置和角度。

（6）落地灯

落地灯常用作局部照明，常放在沙发拐角处，强调移动的便利，对于角落气氛的营造十分实用。落地灯的采光方式若是直接向下投，适合阅读等需要精神集中的活动，若是间接照明，可以调整整体的光线变化。落地灯的灯罩下边应离地面1.8米以上。

（7）台灯

台灯按材质分陶灯、木灯、铁艺灯、铜灯等，按功能分护眼台灯、装饰台灯、工作台灯等，按光源分灯泡、插拔灯管、灯珠台灯等。一般客厅、卧室等用装饰台灯，工作台、学习台用节能护眼台灯。

第四节　灯具的设计

灯具的主要作用是配光，让设在其中的人工光源产生的光依人们所需按一定的规律分配，如宽光束配光、中光束配光、窄光束配光、蝙蝠翼配光、余弦配光等。另外，灯具还具有防护作用、防眩光作用、装饰作用和一体化作用。所以，灯具的设计是一个系统工程，要求综合考虑，多方位兼顾，进行系统化设计。

一、灯具的反射器设计

不同场所各有不同的照明要求，必然需要使用不同照明作用的灯具，才能得到满意的照明效果。因此，要通过研究各种照明场所的照明方式和评判指标，来确定出灯具的配光曲线和光源，设计出灯具的反射器，最终获得符合要求的灯具。这方面有着丰富的内容，只有了解每一类照明的全部内涵并掌握灯具反射器的设计方法和材料的表面处理方法，才能创造出新颖灯具或提高原有产品的质量。

反射器是灯具中最主要的控光元件，它可以有各种各样的形状，加上多种表面处理方法和各种表面材料的不同，致使它的种类繁多，作用各异，但最终都是为了适应各种不同形状的光源和受照面的照明需要。

灯具反射器的形状多种多样，通常有以下几种。

1. 柱面反射器

凡用一根母线沿某一轴线平移一段距离后再加两个侧面做成的反射器，称为柱面反射器。柱面为主反射面，侧面为副反射面，这种反射器适用于发光体较长的光源，如直管荧光灯、管形卤钨灯等。柱面反射器具有加工简单和价格低的优点。该种反射器的使用效果可以通过反射器的母线形状来调节，可以是两个对称面的，也可以做成只有一个对称面的斜照形式。它有很强的适应性，是目前荧光灯具中使用较为广泛的一种反射器，常用的母线由高次抛物线组合而成。

2. 旋转对称反射器

凡用一根母线绕某一轴线旋转360°后得到的曲面做成的反射器，称为旋转对称反射器。因所用母线不同，所以旋转对称反射器的曲面形状也各异，最常见的为球冠曲面、圆台曲面、双叶曲面、椭圆抛物面等。旋转对称反射器可以用冲压、拉伸、压铸等机械加工，机械化程度较高，产品的一致性好，但对机械设备和材料性能有一定要求。

3. 不对称反射器

凡绕某一轴线，有许多根形状不同的母线做成的反射器，称为不对称反射器。这种反射器实际上是旋转对称反射器的一种变形，是为了满足照明场所特别要求而设计的一种反射器，其基本特性和加工方法与旋转对称反射器大致相同。

4. 组合式反射器

组合式反射器又可分为旋转对称反射器的组合和柱面反射器的组合两种。旋转对称反射器的组合，除具有旋转对称反射器的特点外，还能通过调节焦距和中心距来改变灯具的一系列光参数，以适应和满足照明场所的要求。柱面反射器的组合有两种形式：一种是如同上述的对称旋转反射器的组合形式；另一种是以纵、横为同一母线形成的柱面反射器，通过正交而获得的反射器。这种组合而成的反射器，加工比较困难，但光学性能方面除具有柱面反射器的特点外，还具有纵横方向的反射面都是主反射面、两个方向的配光完全一致的特点，适用于视觉要求较高的场所。反射器的表面材料以镜面反射材料最为常用，大多数是用电解抛光（或化学抛光）铝，表面经氧化或涂覆二氧化硅薄膜处理。为了提高灯具的发光效率、使出射光更加柔和、提高光谱效能等，现代灯具的镜面反射器还做成各种凹凸不平的板块形状。

作为控光元件的反射器，就是要把光源发出的光进行再分配。反射器的设计，首先考虑直接光通量的贡献；再研究光源上各点发出的光线经反射器反射后的走向，将这些经反射后的光线按极坐标叠加起来，加进直接光通量的贡献后，就可以确定出该发射器的配光分布。如果这种配光符合所需的配光要求，设计反射器的工作就完成了，若有差距，就需修改反射器曲面直到符合所需要的配光要求为止。

在设计反射器曲面形状，直到能够符合所需要求的配光时，反射器曲面并非是唯一的，可以有各种曲面都能获得相同的配光分布。这时，还要根据反射曲面所包围的体积大小、出射光效率高低、散热和保护等措施，以及与相关光源配合的难易等多种因素来加以选择。

二、灯具的安全设计

灯具的安全设计包括电气安全和其他安全两个方面，电气安全包括直接电器安全和间接电器安全两个方面。根据这些要求来进行灯具的结构和电气设计。

1. 直接电器安全设计

①灯具上所有的带电部件有规定的绝缘，应达到指定的防触电防护等级。
②电部件间绝缘良好，符合规定的电器间隙和爬电距离。
③带电与不带电部分的泄漏电流小于额定值，确保人员不会因漏电引起触电。
④灯具内部带电部件上有合适的防触电措施，使手指不能触及。
⑤安装带电体的绝缘材料在异常情况下不起火不燃烧。

2.间接电器安全设计

①在雨水、灰尘和粉尘等环境中，灯具外壳要有相应的密闭措施，能保证灯具内带电部件间或带电部件与绝缘体间有良好的绝缘。

②灯具在受到各种人为因素，如侵犯、跌落、碰撞等外力时，带电部件之间或带电部件与绝缘体之间不能受到损害，即使不能工作，也不危及人身安全。

③各种与带电部件接触或在其位的绝缘体，在灯具寿命期间内，不得因温度过高造成绝缘破坏，引起触电，也不能起火或燃烧。

④各种电气部件，如电容器、镇流器、触发器和接线柱等，应工作在规定的环境范围内，并按照规定的方法固定，确保它们的工作寿命。

3.其他安全方面的设计

①在使用期间，灯具遇到意外情况，如台风、地震、不正规的维护或操作等，这时的灯具必须不危及人和周围环境，它的外壳、紧固件、支架等必须有足够的控制力，不能使它成为一个潜在的危险物。

②灯具在使用时，外壳面温度较高，在设计时，灯具的表面温度必须控制在规定的数值以下。若确有困难，也可以采用规定距离或限制接近的距离内加保护罩的方法来保护。

三、灯具的寿命设计

灯具的寿命是指灯具的重要部件，如外壳锁紧件和光学部件等不能正常工作，失去使用价值的全部工作时间。按目前的材料和工艺水平，灯具寿命可达到 20 年。

有时为了降低造价而采用其他材料和工艺，使灯具适当缩短寿命在 5~10 年也是适宜的。

四、灯具设计需要注意的其他问题

1.灯具的光衰

灯具的光衰，是指光学系统和灯具结构对光源光通量的消极影响，外界环境中灰尘和微粒对光学系统的污染造成照度过早减弱的现象等。在灯具的设计过程中，反射器选材、形状、体积及密封方式都要考虑光衰问题。

2.保护光源

①在灯具设计中要确保光源有可靠的电连接，接触电阻小，受振后不会松脱。

②为保护光源，延长光源寿命，灯具的内部结构一定要科学合理。为了增强灯具的散热能力，应合理制造反射器的形状和大小，可适当扩大灯具体积，增大散热面积，使光源工作在适合的温度下，确保性能稳定、安全可靠。

3. 热辐射问题和热能利用

光源除反射可见光外，还有大量热辐射产生，热辐射能够使灯具体内温度过高，影响光源使用寿命，使灯具的材料过早老化，更危险的是可能引起漏电、火灾等，所以在灯具设计时，要尽量选用耐热的材料和低辐射的光源。条件不允许时，应该选用诸如石棉等导热性能较差的材料来隔绝光源与耐热性能差的照明器材料及部件，也可以借用散热工具，如散热片、反射板，将热辐射折射出去，还可以依靠风扇等强制空气流通，使热量尽快散掉。

4. 灯具设计应该功能和美观相结合

照明设计的一个重要环节就是根据功能要求和环境条件，选择合适的灯具，并将照明功能和装饰效果协调统一。

灯具是功能产品，同时也是丰富的信息载体和文化形态，是相应历史时期人们审美情趣、科技水平、功能需要的综合体现，灯具设计应该在功能、选材、造型、色彩、工艺等方面同时兼顾，此外还应考虑灯具与相关空间环境的整体关系。灯具的审美离不开所处的环境，能够与环境融为一体，甚至是锦上添花，这样灯具设计才是成功的。

5. 灯具的一体化设计

近几年，新的设计理念和设计方式不断涌现，家具、陈设品、灯具甚至空间环境的界面造型不再是各自独立的装饰元素，而是经常以各种方式结合为一体，既体现了实用功能，又发挥了它们的装饰效果。

五、灯具设计中的选材

灯具的反射器是用来把光源发射出的光线按预定的要求分别分配到所需方向上去的控光器件，高质量的灯具其反射器必须采用优质的材料制成，并要求有精湛的加工工艺保证其精度。目前灯具设计和制作中常用的材料如图 3-11 所示。

图 3-11　灯具设计选材示意图

1. 钢材

钢材一般是作为照明灯具的主要构造材料来进行使用的，特别是冷轧钢，它的强度和拉伸性能都很好。钢板材经过钣金加工，可以塑造各种造型；表面经过涂漆、电镀或抛光，防腐蚀、反光性能好，并具有一定装饰效果。

当钢中含铬量大于12.5%，具有较高的抵抗外界介质（酸、碱盐）的腐蚀性能时，钢就成了不锈钢。不锈钢材是防水、防腐及反光性能极好的金属材料，并且有特殊的装饰效果，是现代造型灯具中经常选用的材料。

2. 铝及铝合金

铝材可以算是新型金属材料，它在作为灯具材料方面有很多优点，例如：材质轻，便于灯具搬运及安装，并对后期维护也有益处；耐腐蚀，与铜、铁相比，它的耐腐蚀、耐氧化、耐水等性能都较高；加工性能好，材质软并且自身的表面很光亮且呈银白色，外表美观，有一定的装饰性。铝板的反射率较高，反射热和光的反射率通常为67%~82%。电解抛光的高纯铝的反射率可达94%，是电和热的良导体，可用作高功率、高光输出灯的散热部件。

为防止反射器的镜面反射造成不良后果，通常对用作反射面的抛光铝板进行喷砂氧化和涂膜保护处理，也可以将反射面设计成板型、鱼鳞型、龟面型等，形成漫反射，以限制眩光，使射出来的光线均匀柔和。

3. 铜及铜合金

铜在照明及电气系统中多作为导电材料，因它的导电性能最好。作为装饰材料，它是最早用于灯具制作的，经过抛光处理的铜，呈金黄色，具有华贵古雅感。

4. 石材

建筑与景观灯具在制作中常用的石材有花岗石、大理石、砂岩等。

花岗岩属于火成岩，其主要成分为石英、长石及少量暗色矿物和云母。花岗岩是金晶质的，按结晶颗粒大小不同，可分为细粒、中粒、粗粒及斑状等多种。花岗岩的颜色由岩石矿物决定。花岗岩经加工后的成品叫花岗石。

花岗石表观密度大、抗压强度高、孔隙率小、吸水率低、材质坚硬、耐磨性好、不宜风化变质、耐久性高，是一种优良的建筑结构与装饰材料，用于建筑与景观设计中。

大理石是由石灰岩或白云岩变质而成的，其主要矿物成分是方解石或白云石。经变质后，大理石中结晶颗粒直接结合，呈整体构造，所以抗压强度高、质地致密而硬度不大，比花岗石易于雕琢抛光。纯大理石为白色，我国常称为汉白玉、雪花白等。大理石中如果含有氧化铁、云母、石墨、蛇纹石等杂质，则会使板面呈现出红、黄、绿、棕、黑等斑驳纹理，具有良好的装饰性。

5. 塑料

塑料的种类很多，运用也非常广泛，包括各种类型的衍生物，如聚乙烯、聚丙烯、聚碳酸酯和 PVC 等材料，这些都是设计制作灯具的理想材料。塑料的延展性好，经久耐用，质地轻盈，具有一定的绝缘性能，并且大部分强度较高，可用于电器、灯具的部分零配件制作。塑料的加工工艺简单，可塑性极强，并且具有良好的透光性能，所以在灯具中被广泛运用，从灯具的底座到表面灯罩，从电气零件到绝缘材料都被广泛运用。但塑料耐热性能差，所以作为灯具材料要考虑与光源保持一定距离或选用低温光源，如荧光灯等。

6. 玻璃

玻璃是无机非结晶体，主要以氧化物的形式构成。玻璃一直以来都在建筑设计、景观设计、室内装饰中扮演着重要角色。采用玻璃制作灯具由来已久，玻璃的透光性是人们喜爱它的原因之一。玻璃表面既能透光，又能反光，无论应用在自然光线好的场所，还是人工光源多的场所都非常合适。玻璃多用在反射器的前面，作为光源保护或限制眩光用。设计师致力于把灯光同艺术相结合，玻璃就是实现这一理想的首选材料。普通玻璃透亮、易碎，但经过强化处理的玻璃材料却很坚硬，而且破碎后没有尖角，更加安全可靠。

玻璃虽然外观特别透亮，但是表面也可以进行蚀刻加工，刻画出精美的纹饰或裂纹图案，视觉效果强烈，而且可以改变表面反射光线的特性。

现在，经过许多设计师的不懈努力，新型的、富有现代气息的灯具不断出现，通过改变玻璃本身的色彩，也可以改变玻璃的外观，还可以使用各种色彩的光源，如 LED 光源等，来适应不同种类空间的各种功能要求。

玻璃主要有以下几种。

①钠钙玻璃，是最一般的玻璃，多以板材形式出现，或制成透明乳白玻璃球形罩使用，形式有平板、磨砂、压花、钢化玻璃等。

②铝玻璃，透明度好，折射率高，表面光滑有光泽，因放出光辉很美观，因此可以作装饰材料。

③硼硅酸玻璃，一般称硬质玻璃，耐热性能好（热膨胀系数小），所以多用于室外。

④结晶玻璃，稍带黄色的玻璃，它的热膨胀系数几乎是零，所以用于热冲击度高的场所。

⑤石英玻璃，耐热性和化学耐久性好，可见光、紫外线、红外线的透过率高，多用于特殊照明投光器的前面，如卤化物灯等。

7. 木材及其他材料

除以上常用材料外，还有很多材料可以用来制作灯具，以创造不同的艺术效果和风格，如木、竹子、藤条、纸、布、丝绸、皮革、陶瓷、泡沫橡胶等。但在选用这些材料的时候，要注意以下问题。

①安全性。如木、竹、纸、布等材料都是易燃物，所以要与光源（特别是白炽灯这样

热辐射强的光源）保持一定的距离或设有绝缘材料。

②固定及安装。用于室外环境的灯具其耐候性也同样是必须考虑的。

③透光性。如果透光性不好，那它只能算作一个造型而非灯具。

灯具造型轻盈优美，与主体建筑场馆从造型、用材上均做到密切呼应，整体性和灵活性兼具。

六、灯具设计的流程

灯具设计包括两种类型：一种是针对特定空间所进行的专门定型设计；另一种是为大批量生产所进行的通用型设计。但是，不论哪一种设计，其程序都大体相同，即计划与调查—草图设计—设计—试制。

1. 计划与调查

在开始设计工作之前，首先要对设置灯具的建筑与景观的情况进行详细的考察，认真研究建筑与景观设计的意图和业主的要求。建筑与景观空间的功能和特性、用途以及内部装饰的情况都是进行照明设计和选择灯具时所要考虑的因素。特别是建筑与景观中的材料和颜色，不仅关系到照度和光的效果，而且也会影响到灯具造型式样的选择。

然后，构思适合于空间功能的光分布以及光效果，确认亮度水平和选择合适的色温。

2. 草图设计

在灯具的草图设计中，首先要构思空间中所需要的光的分布状况，然后确定灯具造型形式，从而通过反射扩散等方式获得所需的照明效果，满足空间中的功能和氛围需要。

灯具造型形式应根据空间布局、建筑与景观特点及其灯具的设置位置来决定。在进行草图设计时，必须将光、灯具、空间结合在一起来考虑。

完成灯具草图设计需要考虑以下问题：

①灯具造型设计和要求的广泛认同与接受。

②对建筑特点和空间功能及用途的考虑。

③对建筑与景观结构工程的了解。

④灯具的光分布以及灯具在空间如何布置。

⑤灯具的重量、电源位置、功率大小等内容的确认。

⑥有利于清扫和维护的灯具形式和造型。

空间和灯具的尺寸大小应该协调，相互关系应该明确，不应强调光效果而忽视灯具尺寸造型。

3. 设计

在将设计草图投入制作之前，还应对安装灯具的空间和位置的条件进行考察，确认建筑的构造和设备、电气容量和配电回路等都能满足要求，之后才可以进行具体的灯具设计。

设计时需要考虑灯具的配光和效率、确认光源和电气部件的安装位置、选择便于安装和维护的结构，而且还要注重灯具的外观和工艺，以体现出设计上的构想。

设计时必须重视安全问题。电气绝缘、耐高温、结构强度及耐久性等方面都应予以特别的注意。

4.试制

根据灯具草图进行试制包括足尺制作和缩尺制作。当制作专用的大型灯具时，需要在缩尺的空间中进行同样缩尺比例的灯具试制，以确认它与空间是否协调及其配光是否满足需要。

虽然试制是依设计图进行的，但因先要确定灯具造型，所以，应采用易于加工修改的材料。

需要注意的是，试制灯具的目的还包括检查灯具是否方便使用和其安全性如何（灯具温度、荷载强度、是否会脱落掉下等）。

一件灯具由设计到成品的设计制作过程如图 3-12~ 图 3-14 所示。

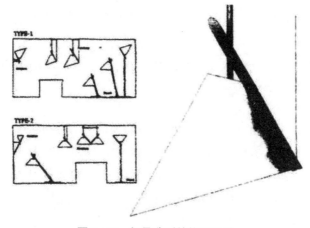

图 3-12　灯具造型的构思设计

图 3-13　灯具的组成部件图　　　　3-14　灯具的最终作品

第五节　灯具的选择与布置

灯具的选择与布置对古建筑照明效果有着极大的影响。由于古建筑构造上的特殊性，灯具的安装位置会受到很多限制。要想获得理想的夜景效果，就要根据具体情况，选择具有合适光学参数的灯具，包括光源功率、色温、显色指数、灯具光束角、中心光强、配光曲线等。

中国古建筑大多为文物，一般不提倡在建筑物上安装灯具。既出于文物保护的需要，也可避免影响建筑的白天景观，特别是那些体量不大的单体建筑物。由于人们通常都需要靠近建筑物进行观赏，过于显眼的灯具会影响建筑的美观，不论是安装在建筑物本体上还是在建筑前面架设灯杆安装灯具都会影响观瞻。可能的方法是将灯具设在靠近建筑的地面上，或是藏在周边其他的建筑上，但这样，灯具的位置以及它和被照明表面的距离都达不到理想的效果。为了获得理想的照明效果，就要通过灯具光学参数的选择来弥补这一不足。

比如，要用安装在地面上的灯具来照明建筑上较高部位的立面，就需要选择具有较窄光束角的灯具。要想在立面的照明亮度和亮度分布图式之间获得一个期望中的平衡值，就需要控制好所用光源的功率和灯具数量之间的关系。古建筑的很多构件上往往绘有色彩鲜艳的图案，如果希望用灯光照明将它们还原出来，就要对光源的显色性提出要求。如果想要在建筑的夜景中渲染某种特殊的效果气氛，就要使用某种特定色温的光源，乃至选用特定颜色的彩光。当然，出于文物保护的目的，控制灯具射出的紫外线等有害光线则是首先应当予以考虑的问题。

一、灯具的选择

通常是在选择了光源的基础上再选择灯具。在进行建筑与景观光环境设计时，应该全面考虑灯具的各种特性，并结合视觉工作特点、环境因素及经济因素来选择灯具。这对提高光环境质量有着非常重要的意义。

①灯具的选择应符合国家现行相关标准的有关规定，符合城市夜景照明规划的要求。

②灯具选择采用材料、制造工艺应满足对照明方式的要求。灯具及安装固定件应具有防止脱落或倾倒的安全防护措施；对人员可触及的照明设备，当表面温度高于70度时，应采取隔离保护措施；直接安装在可燃性材料表面上的灯具，应采用标有标志的灯具。

③要考虑灯具的配光及保护角特性。光在空间的分布情况会直接影响到光环境的组成与质量。不同配光的灯具适用场所不同。

一是间接型。上射光通量超过90%，因顶棚明亮，反衬出了灯具的剪影。灯具出光口与顶棚距离不应小于500 mm，目的在于显示顶棚图案，多用于高度为2.8~5 m非工作场所的照明，或者用于高度为 2.8~3.6 m 视觉作业涉及反光纸张、反光墨水的精细作业场所的照明。顶棚无装修、管道外露的空间或视觉作业是以地面设施为观察目标的空间，以及一般工业生产厂房不适合选用间接型配光的灯具。

二是半间接型。上射光通量超过 60%，但灯的底面也发光，所以灯具显得明亮，与顶棚融为一体，看起来既不刺眼，也无剪影，主要用于增强对手工作业的照明。在非作业区和走动区内，其安装高度不应低于人眼位置；在楼梯中间不应悬吊此种灯具，以免对下楼者产生眩光；不宜用于一般工业生产厂房。

三是直接间接型。上射光通量与下射光通量几乎相等，因灯具侧面的光输出较少，所以适当安装可保证直接眩光最小，用于要求高照度的工作场所，能使空间显得宽敞明亮，适用于餐厅与购物场所，不适用于需要显示空间处理有主有次的场所。

四是漫射型。出射光通量全方位分布，采用胶片等漫射外壳，以控制直接眩光。因漫射光降低了光的方向性，因而不适合作业照明，故常用于非工作场所非均匀环境照明。

五是半直接型。上射光通量在 40% 以内，下射光供作业照明，上射光供环境照明，可缓解阴影，使室内有适合各种活动的亮度比。因大部分光供下面的作业照明，同时上射少量的光，从而减轻了眩光，是最实用的均匀作业照明灯具，广泛用于高级会议室、办公室空间的照明。

六是直接型（宽配光）。下射光通量在 90% 以上，属于最节能的灯具之一。可嵌入式安装、网络布灯，提供均匀照明，用于只考虑水平照明的工作或非工作场所，如室形指数（RI）大的工业及民用场所。

七是直接型（中配光不对称）。把光投向一侧，不对称配光可使被照面获得比较均匀的照度。可广泛用于建筑物的泛光照明，通过只照亮一面墙的办法转移人们的注意力，可缓解走道的狭窄感；用于工业厂房，可节约能源、便于维护；用于体育馆照明可提高垂直照度。高度太低的室内场所不适用这类配光的灯具照亮墙面，因为投射角太大，不能显示墙面纹理而产生所需要的效果。

八是直接型（窄配光）。靠反射器、透镜、灯泡定位来实现窄配光，主要用于重点照明和远距离照明。细长光束只照亮指定的目标、节约能源。直接型（窄配光）灯具不适用低矮场所的均匀照明。

此外，灯具保护角可起到限制眩光的作用，这也是选择灯具时应加以考虑的因素之一。例如，一般用于工业厂房的灯具，其保护角不宜小于 10°；用于体育馆的深照型灯具，其保护角不宜小于 30°。

④应根据环境条件选择灯具。在选择灯具时，应注意温度、湿度、尘埃、腐蚀、爆炸危险等因素，例如，在高温场所，宜采用散热性能好、耐高温的灯具；在需防紫外线照射的场所，应采用隔紫灯具或无紫光源；在有爆炸或火灾危险的场所，应根据有爆炸或火灾危险的介质分类等级选择灯具，应符合《爆炸和火灾危险环境电力装置设计规范》的相关要求。安装在室外的灯具外壳防护等级不应低于 IP54；埋地灯具外壳防护等级不应低于

IP67；水下灯具外壳防护等级应符合国家相关规范的规定。

⑤按照防触电保护的原则来选用灯具。灯具的结构应该符合安全和防触电指标。

⑥应限制干扰光，控制溢散光，防止光污染。在满足眩光限制和配光要求条件下，应选择高效、节能、经济的灯具，其中泛光灯灯具效率不应低于65%。效率高低是选择灯具的一个重要因素，高效率的灯具在获得同一照度时，消耗的电功率最小，能够做到科学合理、节能降耗、减少投资。另外，还应考虑灯具本身的初始投资费用，以及安装和更换的经济性。灯具中电光源的寿命也会影响到灯具的经济性。

⑦选择灯具还应该考虑到易于安装、操作简单、便于维护。

⑧充分考虑灯具与环境的协调和配合，灯具还应兼具美化环境的作用，必须有效地保护历史文化遗产和古建园林。应该调整整体艺术效果符合照明对象的功能性质，体现其文化内涵和自身特点。

二、灯具的布置

灯具的布置应具有合理性，首先要确定采用哪一种照明方式，选用何种光源，查出该场所的照度标准，算出所需要的照明安装功率或灯具个数，再进行灯具布置。通常，需考虑以下要素。

①满足工作面上的照度均匀度的要求。可通过均匀布灯，来服务要求在整个工作面有均匀照明要求的场所，一般照明大多采用这种方式。均匀布灯通常将同类型灯具按等分面积布置成单一的几何图形，如直线形、正方形、矩形、菱形、三角形等，排列形式以眼睛看到灯具时产生的刺激感最小为原则，同时，不同的布灯方式还会给人造成不同的心理影响。

②局部应有足够亮度的选择性布灯。通常，选择性布灯只用在局部照明或定向照明中。选择性布灯是为了突出某一部位（物体）或加强某个局部的照度，或为了创造某种装饰效果、环境气氛时采用的布灯方式。灯的具体布置位置要根据不同照明目的、主视线角度、需突出的部位等许多因素决定。局部照明、重点照明和辅助照明均由选择性布灯实现。

③光线射向要适当，眩光限制在允许范围内，无阴影。

④考虑节能，尽量提高利用系数。

⑤检修、维护方便，用电安全。

⑥布置美观，与建筑、室内空间的装饰气氛和装饰格调协调。

在具体布置灯具时，还需考虑照明场所的建筑结构形式、风格、审美要求、工艺设备、管道及安全维护等因素。

灯具布置的美观性同样非常重要。在近距离时，每一个灯具的具体细节都很引人注意，如造型、颜色、材料、表面质感等，而在远距离时，灯具的整体布置就显得突出了，并且其给人的印象与总的照明效果有关，这种整体是由一个个灯具组合起来的，而且比各个部分的单纯总和还要表现得更丰富一些，如图3-15所示。

图 3-15　灯具与建筑、景观环境相互呼应、相得益彰

三、灯具的照明方式

常用的照明方式有如下几种。

1. 一般照明

一般照明是指为照亮整个场所而设置的均匀照明。

一般照明是不考虑局部的特殊要求而使环境具有均匀照度的一种方式，灯具均匀地分布在被照场所的上空，在被照面上形成均匀的照度，同时这种平均照度要满足视觉工作的要求。这种方式适合于没有高视度方面特殊要求且对光的投射方向没有特殊要求的场合，如图 3-16 所示。

图 3-16　建筑与景观中一般照明的效果

下列情况宜选用一般照明：

①受生产技术条件限制，不适合装设局部照明或不必采用混合照明的场所。

②对光照方向无特殊要求的场所。

2. 分区一般照明

分区一般照明是指对某一特定区域，如进行工作的地点，设计成不同的照度来照亮该区域的一般照明。环境中的某些区域要求高于一般照明照度时，可将灯具在这些区域相对集中布置。在不同的分区内仍有各自均匀的一般照明，故称分区一般照明。当某一区域需要高于一般照明的照度时，可采用分区一般照明。

3. 局部照明

局部照明是指特定视觉工作用的、为照亮某个局部而设置的照明。

局部照明是为某一局部进行照明而设置的，它常常设置在要求高照度，或对光线的方向性有特殊要求的部位。一般不允许在整个工作场所或一个房间中 单独使用局部照明，以免造成某一局部与周围环境之间过大的亮度对比，造成亮度分布严 重不均匀，影响视觉功能，妨碍视觉工作。下列情况宜采用局部照明：

①局部地点需要高照度或照射方向有要求时。

②由于遮挡而使一般照明照射不到的范围。

③需要克服工作区及其附近的光幕反射时。

④需要削减气体放电光源所产生的频闪效应的影响时。

⑤视功能降低的人需要有较高的照度时。

⑥为加强某方向的光线以增强实体感时。

4. 混合照明

混合照明是指由一般照明与局部照明组成的照明。

在同一场所既有一般照明，以解决整个空间范围内的均匀照明，又有满足某一局部特殊要求的重点照明，这种将一般照明与局部照明相结合的方式是混合照明，如图3-17所示。在高照度要求时，这种照明方式比较经济。

图3-17 哈尔滨中央大街混合照明的效果

5. 定向照明

定向照明是指光从显然清楚的方向且显著入射到工作面或者目标上的照明。景观雕塑、指示路牌等的照明经常会使用到这种照明方式，如图 3-18、图 3-19 所示。

图 3-18　商业店标的定向照明效果

图 3-19　景观雕塑的定向照明效果

6. 重点照明

重点照明是指为提高限定区域或目标的照度，使其比周围区域亮，而设计成有最小光束角的照明。重点照明通常是为了强调特定的目标而采用的定向照明方式，如图 3-20 所示。

图 3-20　商店入口及装饰雕塑重点照明效果

7. 安全照明

在正常和紧急情况下都能提供照明的照明设备和照明灯具,这种照明方式是安全照明。

8. 泛光照明

泛光照明是与重点照明相对的一种照明方式,其照明目的不是针对某目标,而是更广泛的环境和背景。被照物表面材料具有镜面反射或以镜面反射为主的混合反射特性,当反射比低于20%时(文物建筑和保护类建筑除外),不宜选用泛光照明。采用泛光照明方式,应通过明暗对比和光影变化,展现被照物的层次感和立体感,不宜采用大面积投光将被照物均匀照亮。

9. 过渡照明

两个空间的明暗对比较大,超过人们眼睛的明暗适应限度,会引起不适的感觉,为了缓解这种现象而增设的照明方式为过渡照明。

10. 动态照明

通过照明装置的光输出变化形成场景明、暗、色彩变化的照明方式即为动态照明。

11. 月光照明

月光照明是将灯具安装在高大的树木或建筑物、构筑物上,或将灯具悬吊在空中,营造朦胧的月光效果,并使树的枝叶或其他景物在地面形成光影的照明方法。月光照明宜用于环境亮度不高的园林与室外休闲场所。采用月光照明时,应合理选择与隐藏灯具,避免伤害植物。

12. 应急照明

应急照明是在正常照明因故熄灭的情况下,启用专供维持继续工作、保障安全和人员疏散使用的照明。应急灯具带有蓄电池,当接通外部电源时,电池就充电,如果干线断电,应急灯具就会进入工作状态,而当外部电源恢复供电时,电池就恢复充电状态。其电池的容量最低能够维持灯泡工作1~2 h。

13. 特殊照明

特殊照明是特殊场合需要装备的特殊照明器,如防潮、防粉尘、防爆等。

14. 道路照明

通常将灯具安装在高度在15 m以下的灯杆上,按一定间距有规律地连续设置在道路的一侧、两侧或中央分车带上的照明。

15. 高杆照明

一组灯具安装在高度为 20 m 及其以上的灯杆上进行大面积照明的方式。

16. 半高杆照明

一组灯具安装在高度为小于 20 m 但不小于 15 m 的灯杆上进行大面积照明的方式。

17. 检修照明

为各种检修工作而设置的照明。

18. 警卫照明

在夜间为改善对人员、财产、建筑物、材料和设备的保卫，用于警戒而安装的照明。

19. 障碍照明

为保障航空飞行安全，在高大建筑物和构筑物上安装的障碍标志灯。

20. 其他照明

其他照明包括水下照明、立体照明等。

第四章　建筑照明手法

第一节　轮廓照明手法

一、轮廓照明的使用部位

在建筑上使用轮廓照明来塑造夜晚景观时，首先应对建筑对象进行认真的分析，确认建筑的造型、体量、结构特点等因素，还要考虑建筑周边的环境情况以及区域夜景规划的要求。在此基础上，考虑建筑是否适合于通过轮廓照明的方式来进行照明表现以及如何进行照明表现等问题，包括轮廓线的勾勒部位、轮廓线传达出的设计理念、轮廓照明与其他方式照明的配合等，只有清楚地了解了这些问题，才能使轮廓照明的设计使用获得良好的效果。

一般情况下，轮廓照明灯都是敷设在建筑的边线、拐角、檐线、层高线、阳台角线等处，也就是在建筑立面上出现转折变化的部位。其使用目的就是要表现建筑立面结构的转折变化。而在没有转折变化的建筑立面上使用亮线条，其实是在改变建筑立面上原有的结构形态。虽然夜景照明设计中存在着重新塑造建筑形象的选择，但问题是要确认在立面上敷设的亮线应该具有明确的意义，而且，敷设亮线之后所形成的新的建筑形象形态应该具有美感，这样才能设计出好的夜景来。其实，轮廓照明中的亮线条也是一种典型的灯光语言，在照明设计中传达着某种特定的创意理念，诠释着夜景的内涵。所以，每一条亮线的使用都应有明确的目的。

像体量很大的方块外形建筑，如果再用轮廓灯去强调它那平直的外轮廓，只会强化建筑景观的单调感。所以，若使用轮廓灯进行照明来进行该建筑的夜景设计，也只能在它的檐口处敷设一条轮廓灯而已。建筑的其他角线和立面应另外考虑采用其他的照明方式。而且檐口部位敷设的轮廓亮线还应该尽量地强化和突出，以弥补该建筑过于方正的外形和没有屋檐的缺陷。轮廓灯也应选择由分立的点状发光体连续排列而构成的那种形式，以便使檐口轮廓线变得粗一些，醒目一些。

二、高大建筑的轮廓照明

轮廓照明是夜景照明中的一种方法，它有着相应的适用对象，如果使用得恰当，能够形成独特的景观效果；反之，如果不认真分析建筑对象的形体特点，考查夜景环境中的景观内容构成和效果气氛需求，只是简单在建筑物的外轮廓上勾勒一些亮线，就无法塑造建筑物良好的夜景形象，就更达不到营造夜晚景观气氛、美化夜晚环境的目的。

图 4-1 是一座高层建筑的夜景效果。该建筑的景观照明主要是利用轮廓照明方式对其外部轮廓进行了勾勒，而对建筑立面则基本上没有进行照明塑造。从最后获得的夜景形象上，只能看到由几条亮线组成的方盒子。既看不到建筑结构构造的形态特点，也无法得知立面上的细节，更主要的问题还在于因建筑的尺度很大，使勾勒建筑外廓的轮廓线显得十分生硬单调。

图 4-1　高层建筑的夜景照明

其实对这类尺度体量很大且有着平直外廓的建筑物，是不太适合于通过轮廓灯勾边的方式来塑造夜景的。大尺度建筑的夜景需要恰当的形态姿态，以体现其标志性，也需要适度的景观细节，以使其形象丰满，提升其耐观赏性。

就该建筑而言，立面上有很多窗子，建筑的边框部位又是实墙形式，可以利用窗子设计内透光照明。不同窗口处的灯光组合可能演化丰富的夜景图案，以适应不同时日、不同活动的景观要求。建筑的实墙立面也可以通过泛光照明来进行表现，这样会使建筑夜景更有实体感，并且能将建筑的细部构造做出细致的刻画。

三、小型建筑的轮廓照明

应该说，轮廓照明的设计在小型建筑上还是比较合适的。小型建筑尺寸小，外廓线比较短，而且线条的转折较多，适合于轮廓照明的使用，而且能取得不错的效果。

在小型建筑上使用轮廓照明，需考虑轮廓灯的数量、密度、图案构成、勾勒部位、轮廓灯的形式、轮廓照明与其他照明的配合等问题。

图 4-2 是一座小型建筑的夜景照明情况。建筑立面上为大片通透的玻璃窗，采用了利用室内照明形成的内透光照明，建筑顶部是由几层挡板式的构造环绕而成的屋顶。屋顶边缘形成非常别致的轮廓，是夜景照明中最值得进行塑造的对象。该建筑采用了串灯勾边的方式设计了顶部的照明，既勾勒出顶部很有特点的线廓，又能让人很容易地区分顶部的层次。经轮廓灯勾勒的边缘线形成了具有装饰效果的图案，使得这座小型建筑的夜景显得很精致。

图 4-2 小型建筑的夜景照明

四、轮廓照明中勾勒线条的数量和方式

在轮廓照明中，作为灯具的线光源通常是用来勾勒建筑的外轮廓的。而在有些情况下，为了强调立面上的构件纹理，也在构件的边缘拐角处勾勒亮线。选择建筑的哪些部位进行勾勒，勾勒线条的数量、密度、亮度和图案等，是应在设计中必须予以考虑的问题。

当采用轮廓灯在建筑上进行勾勒时，相当于在建筑立面这个底板上用白描的手法绘制一幅图案。如何组织好图案，让绘出的每一笔都成为非常有必要的线条，确需仔细斟酌。

因而在设计中就要对建筑原有的边廓线进行挑选，一部分线条成为夜景构图中的主要构图元素，一部分线条成为衬托性元素。而其他线条应适时地予以虚化，否则它们会对构图造成干扰，无法得到一个好的夜景画面。

五、轮廓照明与泛光照明结合

将轮廓照明和泛光照明结合在一起来塑造建筑的夜景，既能弥补两种照明方式各自的不足，又能发挥各自的长处，使夜景效果得以强化。采用轮廓照明的方式来勾勒建筑构件的边角外廓，可以起到突出这些建筑线条的效果，但轮廓灯无法表现立面上精细的纹饰。泛光照明通过其特有的光影效果对建筑构造的变化和立面纹饰的细节进行刻画，它是建筑立面照明中主要的方式，对表现建筑形体和细部具有其他方式所无法比拟的优势。但是泛光照明方式只能表达描述建筑上已经存在的对象，当需要在建筑上的某些局部适当点缀一些图案，或对某些线饰做进一步强化时，泛光照明就有点显得力不从心了。

图4-3是结合了泛光照明和轮廓照明来塑造建筑夜景的一个例子。建筑立面通过泛光照明来进行表现，建筑的边角及层高线则通过轮廓照明来进行勾勒，两种照明方式选择了同样的灯光色调，使二者有机地融合在一起。泛光照明通过光影刻画了立面的细部，并通过对立面材质差异的反映，对门窗等构件的形状特点予以表现，同时建筑的层高线、拐角线也能得到一定的塑造。由于在这些立面线饰上同时又敷设了轮廓灯，使得它们得以进一步强化，在某种程度上，这些线条与建筑立面形成了图底关系，增加了建筑夜景观的效果层次。

就本例中的这个建筑来说，由于它本身方正的外形及简单的立面构成，使得其夜景效果在单独使用泛光照明手法进行塑造时不太容易体现出景观的特色。如果配合立面线饰合理地使用一些轮廓灯，便能够达到重塑形象、深化效果的目的，所以本例中的做法有其积极的意义。

图4-3　泛光照明和轮廓照明结合的建筑夜景1

图4-4中也是采用泛光照明和轮廓照明结合塑造建筑夜景的例子。建筑立面上采用泛光照明进行表现，基本上是将建筑立面原来的状况进行了一种灯光再现，建筑顶部拐角处敷设了一条轮廓亮线，相当于给建筑的顶部檐口加了一条边线。由于建筑立面比较简单，因此窗间的墙体形成浅浅的竖向带状纹理，顶部的亮线成为收束性的边框。但是这种连续亮线形式的边框显得有些生硬，似乎有强加上去的感觉，其实，在顶部增加一条轮廓线具有一定的合理性，但是一条僵直的连续亮线会增加建筑立面本来就具有的单调刻板感。所以，即使选择使用轮廓灯勾边的做法，也应在轮廓灯的形式上进行考虑。应该说，如果选用点状的轮廓灯方式或许效果会更好，因为这些分立的光点能与立面的竖向条纹形成对比，并且光点连线又形成了更加鲜明的轮廓线。

图4-4　泛光照明和轮廓照明结合的建筑夜景2

轮廓照明和泛光照明相辅相成，结合在一起塑造建筑夜景时，可以使景观更臻完善。而在有些情况下，如果单独使用轮廓照明，甚至不可能完成一个景观的塑造。

六、轮廓照明的作用

1. 让轮廓线自身丰富起来

在进行轮廓照明设计时，常用的手法主要有连续亮线方式和光点连线方式。前者是用霓虹灯、塑料霓虹灯或荧光灯等敷设在建筑的边缘，后者则是用小型点状光源制成的发光体排列在建筑边缘。各个光点之间隔开一定距离，远远望去，这些光点就会隐约地联络在一起，构成一条轮廓线。这两种方式形成的轮廓照明都比较简洁，轮廓线自身也比较明亮醒目，但问题是它们都是由自发光体敷设在建筑上而形成的轮廓线，在感觉上难以和建筑融合在一起。

其实，所谓的轮廓照明并不仅仅局限于敷设一条亮线而已，轮廓线本身也可以通过很多方式来形成。根据建筑的结构情况，调动各种合适的照明方式，可以塑造出丰富多彩的轮廓线形式。

图4-5中的建筑夜景的轮廓照明采用了双重勾边的做法，即在建筑的上部檐口用两条不同的轮廓线结合在一起来勾勒建筑边廓。这样的照明处理，既让轮廓线自身有了细节变化，同时也使建筑夜景显得更丰满了一些。因为建筑的主体部分就是一个简单的方块体，檐口处是一个平直的拐角，如果在此处采取敷设一条连续亮线的做法，建筑的夜景形象会显得十分单调。在连续亮线下边的建筑墙面上，通过小型射灯投出一列连续的光斑，这列光斑形成了另一条轮廓线，两层轮廓线结合在一起，构成了一条统一的轮廓线。这样既可以使建筑顶部檐口处的效果得以强化，也使得轮廓线自身的图案增加了层次。

图4-5　采用双层沟边的建筑夜景

2. 轮廓照明的纽带作用

图4-6中的建筑物为玻璃幕墙立面。由于建筑体量上的原因，内透光照明并不是一种很合适的方式。所以，建筑的夜景主要靠楼顶的广告板、立面中间几个被照亮的窗口、建

筑底部的橱窗以及裙房顶上的灯箱广告等一些零散的灯光元素来进行表现。由于这些元素过于分散，单靠它们让人无法把握住建筑的形体轮廓，所以选择了轮廓灯勾勒建筑边角的方式。

图 4-6　玻璃幕墙立面

蓝色轮廓灯将建筑大致的形体外廓做了概括性的描述，同时，通过这些轮廓线条的整合将建筑上散乱的灯光元素进行了有效的联络，使之形成一个有机的整体景观。也就是说，轮廓照明使建筑夜景的整体性得以加强，轮廓照明成为构筑建筑夜景的纽带。

第二节　内透光照明手法

在建筑物的房间窗口内侧安装照明灯具，让灯光从窗口透出，可以形成所谓的内透光照明，这是夜景照明中一种典型的照明手法。随着近些年城市建筑中以玻璃幕墙作为建筑立面的形式逐渐增多，内透光照明手法正在为越来越多的照明设计师所接受和使用，在许多大城市及发展较快的新兴城市，高楼大厦鳞次栉比。入夜时分，建筑窗口中透出通明的灯光，营造出一派生机勃勃的不夜城景象。

一、内透光照明的优点

1. 不用在建筑外边设置灯具，保证了建筑外观的整齐

我们都知道，设计建筑物外立面照明时，如果采用泛光照明的方式，通常要安装很多灯具，多数情况下这些灯具都要暴露在外边，或安装在地面的支架上，或安装在建筑物的立面上。虽然都尽量利用建筑构件和建筑立面上的变化来进行灯具的隐藏，但一般都无法保证灯具或其局部能够不被完全看到，暴露的灯具破坏了建筑景观的整齐和完美。纵观各城市的夜景照明，这是一个非常突出的问题，长此下去，这类照明灯具势必将成为城市景观环境建设中的整肃对象，由此将可能对城市景观照明的发展造成极为不利的影响。由于内透光照明是将灯具安装在室内的，所以这一问题在内透光照明中将被避免。

2. 使用内透光照明能够最大限度地控制眩光的影响

用于立面照明的泛光灯具一般都有较高的表面亮度，一旦进入视线范围，就会有炫目的感受。用泛光灯照明设计夜景时，不论如何选择灯位和灯具光束角并控制投光角度，都可能会对某些方向或某些位置产生或多或少的眩光干扰，尤其是对被照明的建筑室内会有更严重的光侵害。由于内透光照明选择了低功率、低亮度的光源，同时照明灯具又能进行良好的隐蔽安装，因而它成为一种几乎没有眩光干扰的照明手法。

3. 内透光照明能够最大限度地减少对城市环境和城区天空的光污染

建筑物立面泛光照明是通过建筑墙面对光的反射和散射来产生夜景效果的。通常的立面照明都是由下至上向墙面投光，大量的反射光射向了与视线方向相反的天空，既污染了天空，也降低了夜景的设计效果。如果墙面是反射率较高的釉面砖或金属板时，射向天空的反射光分量就会更多。夜景照明导致城市天空发亮已经成为一个突出的负面问题。而内透光照明的用光方向则恰与此相反，因此它的反射光多集中在水平线以下的半个空间中，这有效地提高了用光效率，使得夜景照明的设计用光大多成为有效的景观灯光。我们经常讨论绿色照明问题，其实，在夜景照明中合理地使用内透光设计就是绿色照明理念的一种有效体现。

4. 内透光照明能营造更多的景观变化

由于内透光照明是以一个个窗口作为独立单元进行灯光设计，然后再构成一个整体景观的。因而，不同单元之间的相互组合可以演化出极多的变化，这就使得用内透光方式设计的夜景观可以演化出非常多的图案，能更好地满足人们赏景时求新求变、希望看到更多景致的心理，使建筑能在不同时日以不同的夜景面貌来展示自身形象、烘托环境气氛。

5. 内透光照明的维护管理更方便，更安全

内透光照明的维护管理，与外投光照明相比有很大的不同，总的说来应该是更方便，更安全。

外投光照明有时将灯具安装在建筑物本体上，这使得维护检修有很大的不便。室外环境容易造成照明设备的污损，增加维护的工作量。有时照明设备安装在地面的支架上，又可能增加人为损坏的概率，同时给环境安全带来隐患。虽然内透光照明的照明设施的布置点多且比较分散，但是它们大多位于室内窗口处，检修比较容易。安装在室内的照明设备不会受到环境污染的影响或人为的破坏，这在一定程度上增加了使用的期限。

二、内透光照明的形式及设置方法

①在窗口的上檐设置灯具，灯具的内外两侧均设有遮挡板，以免从外侧和室内直接看到灯具和光源。灯光下射照亮窗口两侧窗框，形成两条亮框的单元效果。

②灯具设置方式与①相同，但是在窗口内侧配置窗帘，灯具的配光为向内侧的斜照形式，通过被照亮的窗帘来展现窗口的内透光效果。窗帘可以有很多种材料的选择，也可以有颜色上的变化，因而可以使透出窗外的灯光形成不同的色彩和质感。

③在窗口的上檐设置灯具，灯具的配光选择为"直接—间接"形式，既有下设光通，用来照明窗口，又有斜向上射光通，用来照明靠近窗口的房间顶棚，使照明效果向室内有了延伸。

④在窗口上檐设置灯具，光源内侧（即房间一侧）设置挡板，光源直接露出窗外，利用发光体自身的形状和亮度来形成内透光效果。此时要控制光源的亮度不能过高，避免形成耀眼的眩光。

⑤在靠近窗口的房间顶棚上设置灯具，通过照亮顶棚表面及墙面来形成内透光效果。这种灯具也可同时作为房间内的功能照明灯具。如果所选灯具为吸顶式安装灯具，那么灯具应该有较多的侧向光强分量。如果选择悬吊式安装灯具，则灯具配光应为"直接—间接"形式，并且保证有足够多的上射光通量。而嵌入式安装灯具对这种照明方式所追求的效果来说不太合适。

⑥利用房间内原有的室内功能性照明工具作为建筑的内透光照明工具，也就是在夜晚让房间的照明仍保持开启，照亮房间内部。这种照明方式可以营造出明亮、通透且有纵深感的内透光效果。采用这种照明方式时，可以根据房间内的照明亮度、房间的进深、窗口的尺寸大小、窗玻璃颜色的深浅以及在室外的观景距离位置等情况，适当关掉部分灯具。

⑦用点状光源设在窗口附近的顶棚上，以锥形光束来形成一种内透光效果。灯光照亮的是室内的墙面或结构设施，它并不是要整个房间均匀发亮，也不需要整个窗面有一致的亮度，而是要多个窗口形成一致的照明效果，形成一种特殊的灯光图案布置。这种照明手法常用于楼梯间或设备间。

⑧有些建筑内部靠窗附近设有墙体，比如有些建筑以钢结构架作为墙体的支撑构件，外衬玻璃幕墙。对于这种情况，可以采用一些小型泛光灯来照亮墙面或钢结构架朝向室外的一侧，让被照亮的墙面或金属构架透出玻璃外面，形成一种有组织的光影图案的内透光效果。

⑨有些建筑的外侧设置了公共通行走廊，通廊外侧大多用玻璃幕墙或窗进行封闭，如果在这种通廊的内部设计一种常亮的内透光，则于通行使用和室外景观营造都是有益的。

⑩可以在窗子内部的上檐口用点状光源设计成有一定图案的内透光照明效果。

⑪如果想突出窗口两侧的边框，比较有效的办法是在窗口上缘的两侧分别安装一只嵌入式斜照型筒灯，直接向窗框投光。

三、内透光照明的光源和灯具

比较常用的光源是普通直管荧光灯。由于常用的照明设计是在窗口的上檐安装灯具，所以不论所设计的照明效果是照亮反光窗帘还是塑造窗口的边框，抑或是直接透出窗外的光源亮线，普通的直管荧光灯都是比较合适的选择。关于灯具，若是要照亮窗帘，则应采用斜照式配光，让出光口在水平方向的灯具把尽可能多的光通量送到窗帘上，保证帘面上形成设计中希望的光分布。如果要求光源直接透出窗外来形成夜景效果，则要依据玻璃的透光情况以及所设计的照明效果和建筑外立面有无外投光等因素来仔细慎重地选择光源的亮度，同时还要考虑遮挡光源以防其影响室内。可以采取在窗口上檐设计一个夹层的方法来托住灯具，并用适当的贴面装饰让夹层与窗框合为一体。

利用房间内部的功能性灯具兼做内透光照明时，所选择的光源自然也是以荧光灯为主，灯具若为悬吊形式，应选"直接—间接"型配光，保证有足够的上射光通量，灯具若为吸顶形式，则配光应保证有足够的侧向光通量。

照亮室内近窗处墙面或金属构架时，一般使用小型泛光灯具，配置金属卤化物灯或高压钠灯光源。

当对有玻璃窗封闭的通廊墙面进行照明时，可以使用顶棚嵌入式斜照型灯具，在靠近走廊内侧墙面的顶棚上设置，向墙面投光以产生洗墙效果，光源以小功率的氙气灯为宜。如果走廊很窄，也可以采用紧凑型荧光灯。

窗帘也是内透光照明中重要的设施，利用它可以使内透光夜景效果更显著，也有更多的变化。窗帘一般选用白色或浅色的居多，以便有更高的反光效率，利于显现投在帘面上的光斑光影图案，对使用彩色光源的照明也有很好的显色作用。窗帘可以是整体的，也可以是百页栅片形式的。使用窗帘来配合内透光照明时，可以让窗帘盖住整个窗口，也可以只盖住窗口的局部，比如，窗口的上半部分、自上而下的左右两条或中间一条等。窗帘的材质对照明效果也有很大影响，应根据设计要求酌情选择合适质地的窗帘。

四、内透光照明的夜景效果设计

内透光是一种照明方式，它可以有很多类型的变化，通过选择不同的照明光源，采取相应的照明配置，结合建筑形式、窗口形式、建筑墙面、建筑构件和透光玻璃，可以设计出丰富多彩的夜景效果。

1. 单独使用内透光照明

在每个窗口设置一只光源，让光源直接透出窗外，光源可以是点状的或者是线状的，通过整幢建筑所有窗口灯光效果的组合来构成建筑整体夜景，单元灯光构图比较简洁，适合于体量较小的建筑。

在每个窗口设置多只光源，并组合成图案，让光源直接透出窗外，这种方法使得单元灯光构图有了内容，也使得整体建筑夜景更有层次和变化，适合于在稍大一些的建筑物上使用。

灯具结合反射窗帘的内透光照明方式，可以使窗口的灯光效果更丰富、细腻并有更多的变化可能。使用线状光源配合不同的灯具配光可使帘面形成不同的亮度分布；用点状射灯照射帘面可形成条纹形或波浪形的光斑效果。不同质地和色泽的窗帘使设计效果有了更多的形态变化，彩色窗帘配白光照明或白色窗帘配彩色灯光可形成彩色内透光效果，增加景观的活跃气氛；质地厚实的浅色窗帘能提高反射光的效率，增加内透光亮度，并能使在帘面上设计的各种光斑图案有效地予以呈现，而质地轻柔的纱质窗帘能让部分灯光透入室内，房间内的些许灯光会使人隐约感受到建筑的深度和立体。

照亮整个房间的手法既简便又不影响室内的各种功能，同时还使房间充满了活力和生机，室内的布置和人的活动都能从窗口若隐若现地透出，构成了一幅千姿百态、自然生动的景观画面。

在靠近窗口处的顶棚上设置灯具，照亮窗口附近的顶棚和墙面，而房间内部则呈照明渐弱的灯光布置，形成由窗口向房间纵深照明亮度由强渐弱的退晕变化，这种手法可以使人通过窗口的照明效果变化体验到房间和建筑的纵深感。

2. 在建筑的不同部位分别设置内透光和外投光

有些建筑的主体立面为大片的隐框玻璃幕墙，只是顶部构造、底部裙楼或边框等局部立面为实墙形式，在这种情况下，可以在建筑的玻璃幕墙部分设计内透光照明，而在实墙部分设计外投光照明，形成一种对比效果。

3. 将外投光和内透光结合在一起使用

有些建筑以玻璃幕墙作为立面的主要组成部分，同时在玻璃之间有较宽的带状实墙或金属板墙。有些建筑立面的主体是实墙结构，但是其间排列了大量整齐的窗。对于这类立面形式，单独使用外投光或是内透光都是不错的选择，但是如果将内透光和外投光结合起来使用或许有更好的效果：玻璃窗口处设内透光，实墙墙面或金属框板处设外投光，内外呼应，互相补充。当采用这种照明方式时，应注意协调好两种照明手法的配合及对比，否则，内外照明效果相近会导致整体效果的呆板，而内外照明效果差别过大或冲突则可能导致整体效果的混乱。比如，用泛光照明表现建筑的实墙表面，而穿插在实墙之间的窗子则选择让光源直接透出窗外的内透光照明手法，这样的搭配会比较和谐，但如果内透光照明为房间全亮或是窗帘反光的形式，则可能使整个建筑立面上光亮一片，没有层次。其实，当内透光和外投光结合在一起来塑造景观时，二者之间也同时形成了景观和背景的关系，如果以窗户为造景主体来考虑的话，建筑外墙立面就成为窗子的背景，那么，外墙的照明就要受到窗口灯光图案的制约，其照明亮度、色调、灯光形式等要以衬托窗口效果为目标来进行设计。

4. 内透光配合建筑轮廓照明

如果建筑有优美的外轮廓线或建筑立面上有一些比较突出且外廓优美的构件，则可以利用线光源或点状光源形成的连线勾勒出建筑或构件的外廓，同时配合建筑的内透光照明，形成生动的照明效果，此时的内透光应采用将整个房间都照亮的形式，这样可以形成较好的对比和补充。

5. 统一设置的灯光与随意开启的内透光相结合

在某些建筑上，大部分窗口并未刻意地设计内透光照明，只是各家各户根据自己的需要开启自己房间内的灯光，在这种情况下，各个窗口的亮与暗、亮灯时间的长与短形成了一种完全随机的状态，因此，整个建筑上的灯光构图呈现出一种自然、随意、不断变化的效果。如果我们再在建筑的某些适合于统一设置内透光的部位，如楼梯间、设备间或公共走廊等处，设置一些固定的、有序的内透光照明，或者在建筑的某些实墙立面或构件上设置一些外投光照明，使建筑上总是留存有一部分保持长时间开启不变的照明，形成一个醒目的景观焦点，就可以规控建筑上纷繁多彩的点状动态灯光，形成动态与静态相结合、有序和无序相呼应的夜晚景观效果。

在用内透光手法设计夜景照明时，有很多问题是需要认真考虑的。比如，窗口的灯光构图组织、窗帘的设计与开闭控制、灯具的设计和安装、窗玻璃的颜色和透光性能、光源的亮度、内透光的亮度、窗口亮度与外墙亮度以及建筑周边环境亮度的比例关系、从城市规划的角度来考虑内透光照明的设计等。只有认真协调好各种应在设计中必须面对的问题，才能设计出良好的建筑内透光夜景，否则，遇到玻璃幕墙建筑，不问由头就在窗口挂灯，就有可能形成新的夜景照明设计危机，制造另一类视觉污染。

6. 利用内透光照明重塑建筑形象

一些新的建筑往往喜欢使用现代材料，建筑立面上金属板、玻璃成为主角，大片的玻璃幕墙和大量的玻璃窗为内透光的照明设计提供了可能。

与外投光塑造建筑形体不同，内透光照明选择了建筑的窗口作为表现对象，让一个个窗口亮起来，使这些在白天看起来冰冷而又炫目的玻璃，在夜晚呈现明媚灿烂的景观。同时让那些沉重坚实的建筑实体墙面虚化，使建筑夜景呈现出轻灵、生动的形态感，给人带来生机勃勃、赏心悦目的视觉美感。选择窗口进行照明，可以使夜景的构图单元增多，有益于形成更精致细腻的效果，也能带来更多的景观变化。由这些窗口单元组合成的建筑夜景可以给人带来全新感受，形成一种新的建筑形态。

7. 利用窗口灯光的开闭组合形成不同的夜景图案

图 4-7 中的建筑立面为全封闭的玻璃幕墙形式，因而采用内透光作为建筑的夜景照明是最恰当的选择。该建筑由于窗口比较多，采取了以窗口为单元组合成图案的方式来设计建筑夜景。并且还可以在不同时间，根据需要改变窗口灯光图案，做到夜景常新。

图4-7　全封闭的玻璃幕墙形式

　　因为各个窗口都紧密地排列在一起，让所有的窗口都亮起来是不太明智的选择，显得既缺乏创意，也造成了能源浪费。所以这类建筑的内透光很少有同时点亮所有窗口灯光的情况。该建筑的一侧立面采取了点亮全部窗口灯光的方式，而另一侧立面则采取了选择一部分窗口灯光开启、组合成条纹状图案的设计。两者相比较，观赏者自会判断出景观创意设计上的追求。虽然条纹图案比较简单，但明暗相间的夜景效果除了形成构图之外，也会让人有一种比较舒服的视觉感受。整个立面的所有窗口全部点亮会使景观显得过于拥堵，没有图案的夜景不可能引起更多的观赏兴趣。此外，立面上一片光亮也会刺激人们的观赏视线，引起视觉不适。

　　8. 内透光设计中的追求

　　在窗口设计内透光照明，并不仅仅是在窗口安装一台灯具，或者是加装一页反光窗帘那么简单。这其中涉及如何设计灯光构图、窗口的照明方式、灯具光源的光学性能、窗帘的材质及反光性能、窗口的灯光启闭管理等等问题。

　　图4-8中的建筑夜景采取了内透光的照明方式。其做法是在窗口的上檐安装灯具，同时加装了反光窗帘。窗口是横贯立面的带窗，而且整个带窗全部照亮的设计使得整个建筑立面形成通体发亮的效果，这当然也是设计上的一种选择，但观赏这样的建筑夜景，总会觉得其在设计构思上的追求考虑得不够深入，夜景观没有形成什么灯光图案，也不会引起人们更多的观赏兴趣。

图 4-8　采取内透光照明的建筑夜景

通过窗帘反光来营造内透光效果，要求各个窗帘表面的亮度及其分布要尽量一致，尤其是这种带窗的内透光设计，任何一台灯具或是窗帘上光照的不一致，都会扰乱立面上的景观效果。要保证窗帘上光照效果整齐，首先要使所有窗帘的规格、质地、布置保持统一。其次，要让光源灯具的功率、色温、光强分布、安装位置方式保持一致。

然后各个窗帘的开关控制管理要整齐有序。否则，各房间按自己的需求随意地开启或关闭窗帘，将导致建筑夜景的混乱。在该建筑的立面上就出现了这种状况，一是窗帘表面上光照分布不均匀，二是窗帘的启闭不统一，有些窗口把窗帘拉起，形成了暗色调的窗洞，而有些窗口则仍然保持窗帘垂下，形成了明亮的窗口，并且这样窗帘的启闭处于十分无序的状态，使该立面上的夜景效果显得有些凌乱。

其实，在窗口设置了照明系统仅仅是为夜景照明提供了一个基础，还应对各个窗口的亮暗组合做进一步的设计，使建筑立面上形成由明暗窗口组成的图案。此外这种图案还可以在不同时日有一定的变化，使建筑夜景迎合不同的气氛，这样才能使内透光照明真正达到它的设计目的，发挥其应有的作用。

在该建筑的夜景设计中，值得一提的是，建筑檐部设置的楼名、楼徽、霓虹灯为建筑夜景增添了色彩。

9. 内透光与外墙照明的配合

有些建筑物的立面是实墙构造，同时，立面上又有大量的窗子。如果单纯采用外投光方式来设计建筑夜景，一个个窗口形成的黑洞会削弱夜景效果，也使景观没有深度和层次。如果单独采用内透光照明，则会因窗子数量不足以及窗子之间间距过大而不易形成良好的窗口灯光组合图案。

在这种情况下，若将窗口的内透光照明和外立面泛光照明结合起来设计，建筑夜景可以产生比较好的效果。

图 4-9 中的建筑就是通过这两种照明方式的结合完成了建筑夜景的塑造。设计采用了黄色调的泛光照明，对外立面进行整体的照明表现。立面边框部分和窗间墙部分本来就具有颜色的差异，经过这样统一设置的照明，既保持了适度的对比，又显得很协调。顶部檐口墙面上增设的点状光斑活跃了夜景构图气氛。内透光照明采取了在窗口处悬挂荧光灯，并让光源直接露出窗外的方式。光源为冷白色调，与外墙面的泛光照明色调形成对比。不采取将窗口全部照亮的照明方式，可以将窗口的大部分表面保持暗调。在这样的暗背景下，直接露出的荧光灯管显得很醒目。此外，这样的内透光处理方式也与外墙面的泛光照明形成了对比。在明亮的墙体立面照明衬托下，窗口的景观效果设计显得剔透。在这类建筑的夜景中，可以看到窗口和墙面在某种程度上是"景观"和"背景"的关系。因此，在进行夜景设计时，就要把握好两者之间的恰当关系。采用泛光照明塑造外墙面，得到了比较亮的"背景"。那么作为"景观对象"的窗口采取只露出光源的手法，使得二者在效果上形成了反差，也使整个景观画面产生了良好的明暗对比。试想，如果内透光照明采取的是照亮整个房间或是在窗口加装反光窗帘，就会使窗口的亮度与墙面的亮度接近一致，缺乏明暗对比会使得景观没有层次。

图 4-9　内透光与外墙照明结合的建筑夜景 1

图 4-10 中的建筑夜景就是这样的情况，外立面采取泛光照明，内透光采取将整个建筑室内通体照亮的方式。尽管在内外照明的光色上形成一定的差异，并且采取了隔层设计内透光的做法，但是建筑内外同时使用整体照明使夜景缺少层次感。作为"景观"的窗口和作为"背景"的外立面模糊成一片，整个夜景画面显得很拥堵，体会不到建筑夜景的美感。

图 4-10　内透光与外墙照明结合的建筑夜景 2

　　其实内透光和外投光选择同样的光色和方式，也能设计出比较好的夜景效果。关键问题是要针对条件合适的建筑物，并且在合适的部位使用对应的照明方式。在图 4-11 中，建筑的外投光照明和内透光照明都是白色调的灯光，外投光的对象是建筑的拐角处实墙和窗子之间的柱体表面，柱体的表面照明亮度呈现强烈的退晕效果，比较明亮的柱子底部周边的窗子保持暗调，柱子顶部比较暗时，其周边窗内的照明保持开启，形成一条内透光的亮带。

图 4-11　内透光与外墙照明结合的建筑夜景

　　由于建筑顶部的两层檐边探伸到立面之外，自然地被由下面射来的灯光强调出来，形成两条明显的亮线。同时，由于檐边的截光作用，使两条檐边之间形成一条暗带，在这条暗带上的窗口点亮内透光，就构成了一条十分醒目精致的檐部景观，这也是该建筑景观中最具特色的部分。

　　纵观该建筑的夜景，尤其是配有玻璃幕墙的部分，很成功地调配了外投光和内透光的使用。两种照明方式分别使用在建筑的不同部分，做到了相互补充，同时巧妙地利用了阴影来分隔两种照明的效果，通过阴影的衬托，被两种照明方式塑造的景观元素形成了有机的配合，组成了一幅良好的夜景观。

第五章　中国古建筑照明设计

第一节　中国古建筑的特点

一、以木构架为主的结构方式

中国古代建筑习惯用木构架作房屋的承重结构。木构梁柱系统约在春秋时期已初步完备并广泛采用，到了汉代发展得更为成熟。木构结构大体可分为抬梁式、穿斗式、井干式，以抬梁式采用最为普遍。抬梁式结构是沿房屋进深在柱础上立柱，柱上架梁，梁上重叠数层瓜柱和梁，再于最上层梁上立脊瓜柱，组成一组屋架。平行的两组构架之间用横向的枋联结于柱的上端，在各层梁头与脊瓜柱上安置檩，以联系构架与承载屋面。檩间架椽子，构成屋顶的骨架。这样，由两组构架可以构成一间，一座房子可以是一间，也可以是多间。

斗拱是中国木构架建筑中最特殊的构件。斗是斗形垫木块，拱是弓形短木，它们逐层纵横交错叠加成一组上大下小的托架，安置在柱头上用以承托梁架的荷载和向外挑出的屋檐。到了唐、宋，斗拱发展到高峰，从简单的垫托和挑檐构件发展成为联系梁枋置于柱网之上的一圈井字格形复合梁。它除了向外挑檐，向内承托天花板以外，主要功能是保持木构架的整体性，成为大型建筑不可缺的部分。宋以后木构架开间加大，柱身加高，木构架结点上所用的斗拱逐渐减少。到了元、明、清，柱头间使用了额枋和随梁枋等，构架整体性加强，斗拱的形体变小，不再起结构作用了，排列也较唐宋更为紧密，装饰性作用越发加强了，形成显示等级差别的饰物。

斗拱是中国古代建筑的特有构件，它除了具有支撑屋顶传递荷载作用外，也具有很好的装饰作用。在夜景照明设计上，对这些细部照明处理得好，往往会有画龙点睛的效果。

木构架的优点是：第一，承重结构与维护结构分开，建筑物的重量全由木构架承托，墙壁只起维护和分隔空间的作用；第二，便于适应不同的气候条件，可以根据地区寒暖不同选取材料，以及确定门窗的位置和大小；第三、由于木材的特有性质与构造节点有伸缩余地，即使墙倒而屋不塌，有利于减少地震损害；第四，便于就地取材和加工制作。古代黄河中游森林茂密，木材较之砖石便于加工制作。

二、独特的单体造型

中国古代建筑的单体，大致可以分为屋基、屋身、屋顶三个部分。凡是重要建筑物都建在基座台基之上，一般台基为一层，大的殿堂如北京明清故宫太和殿，建在高大的三重台基之上。

中国古建筑较之当代建筑，明显特征之一在屋顶。屋顶是中国古建筑造型的重要组成部分，对于一个不熟悉中国古建筑的人，最使他感到新奇的也许就是屋顶了，有人甚至称屋顶是中国古建筑的第五立面，并用"大屋顶建筑"这种称谓来概括中国古建筑。中国古建筑的屋顶形式也是多种多样的，有四坡五脊、四坡九脊，有单檐、重檐等，有些建筑还采用琉璃瓦覆顶。因此，屋顶照明是中国古建筑夜景照明重要和突出的一环。

由于中国古建筑大多采用木构架结构，因此屋身的建筑形式较之当代建筑是丰富多彩的，立面凹凸变化较大，水平和垂直线条较突出，一座建筑物的立面经常会有多根立柱及进深较大的内廊。平面也可以是正方形、五角形、六角形、八角形、圆形等形状，既可以是单层建筑，也可以是多层的楼阁和古塔等形式，这些不同的平面形式，对构成建筑物单体的立面形象起着重要作用。因此在进行立面照明时，应特别重视用光的方向、光源的位置，既不能因光的投射使立面呆板，也不能使其阴影过大。

三、中轴对称、方正严整的群体组合与布局

中国古代建筑多以众多的单体建筑组合而成为一组建筑群体，大到宫殿，小到宅院，莫不如此。它的布局形式有严格的方向性，常为南北向，只有少数建筑群因受地形地势限制采取变通形式，也有受宗教信仰或风水思想的影响而变异方向的。方正严整的布局思想，主要是源于中国古代黄河中游的地理位置与儒学中正思想的影响。

中国古代建筑群的布置总要以一条主要的纵轴线为主，将主要建筑物布置在主轴线上，次要建筑物则布置在主要建筑物前的两侧，东西对峙，组成一个方形或长方形院落。这种院落布局既满足了安全与向阳防风寒的生活需要，也符合中国古代社会宗法和礼教的制度要求。当一组庭院不能满足需要时，可以在主要建筑前后延伸布置多进院落，在主轴线两侧布置跨院（辅助轴线）。曲阜孔庙在主轴线上布置了十进院落，又在主轴线两侧布置了多进跨院。它在奎文阁前为一条轴线，在奎文阁以后则为并列的三条轴线。至于坛庙、陵墓等礼制建筑布局，那就更加严整了。这种严整的布局并不呆板僵直，而是将多进、多院落空间，布置成为变化的颇具个性的空间系列。像北京的四合院住宅，它的四进院落各不相同。第一进为横长倒座院，第二进为长方形三合院，第三进为正方形四合院，第四进为横长罩房院。四进院落的平面各异，配以建筑物的不同立面，在院中莳花植树，置山石盆景，使空间环境宁静宜人。

四、变化多样的装修与装饰

中国古代建筑对装修、装饰特别讲究，凡一切建筑部位或构件，都要美化，所选用的形象、色彩因部位与构件性质不同而有别。中国古建筑某些特殊的构件或装饰物很有特色，常常需要在夜景照明设计中表现出来。

台基和台阶本是房屋的基座和进屋的踏步，但给以雕饰，配以栏杆，就显得格外庄严与雄伟。屋面装饰可以使屋顶的轮廓形象更加优美。如故宫太和殿，重檐庑殿顶，五脊四坡，正脊两端各饰一龙形大吻，张口吞脊，尾部上卷，四条垂脊的檐角部位各饰有九个琉璃小兽，增强了屋顶形象的艺术感染力。

门窗、隔扇属外檐装修，是分隔室内外空间的间隔物，但是装饰性特别强。门窗以其各种形象、花纹、色彩增强了建筑物立面的艺术效果。内檐装修是用以划分房屋内部空间的装置，常用隔扇门、板壁、多宝格、书橱等，它们可以使室内空间产生既分隔又连通的效果。另一种划分室内空间的装置是各种罩，如几腿罩、落地罩、圆光罩、花罩、栏杆罩等，有的还要安装玻璃或糊纱，绘以花卉或题字，使室内充满书卷气息。

天花即室内的顶棚，是室内上空的一种装修。一般民居房屋制作较为简单，多用木条制成网架，钉在梁上，再糊纸，称"海墁天花"。重要建筑物如殿堂，则用木枝条在梁架间搭制方格网，格内装木板，绘以彩画，称"井口天花"。藻井是比天花更具有装饰性的一种屋顶内部装饰，它结构复杂，下方上圆，由三层木架交构组成一个向上隆起如井状的天花板，多用于殿堂、佛坛的上方正中，交木如井，绘有藻纹，故称藻井。

于建筑物上施彩绘是中国古代建筑的一个重要特征，是建筑物不可缺少的一项装饰艺术。它原是施于梁、柱、门、窗等木构件上用以防腐、防蛀的油漆，后来逐渐发展演化为彩画。古代在建筑物上施用彩画，有严格的等级区分，庶民房舍不准绘彩画，就是在紫禁城内，不同性质的建筑物绘制彩画也有严格的区分。其中和玺彩画属最高的一级，内容以龙为主题，施用于外朝、内廷的主要殿堂，格调华贵。旋子彩画是图案化彩画，画面布局素雅灵活，富于变化，常用于次要宫殿及配殿、门庚等建筑上。再一种是苏式彩画，以山水、人物、草虫、花卉为内容，多用于园苑中的亭台楼阁之上。

五、写意的山水园景

中国古典园林的一个重要特点是有意境，它与中国古典诗词、绘画、音乐一样，重在写意。造景家用山水、岩壑、花木、建筑表现某一艺术境界，故中国古典园林有写意山水园之称。从造景艺术创作来说，它摄取万象，塑造典型，托寓自我，通过观察、提炼，尽物态，穷事理，把自然美升华为艺术美，以之表现自己的情思。赏景者在景的触发中引起某种情思，进而升华为一种意境，故赏景也是一种艺术再创作。这个艺术再创作，是赏景者借景物抒发感情，寄寓情思的自我表现过程，是一种精神升华，从而达到更高一层的思想境界。

在中国古典园林中，景的意境大体分为治世境界、自然境界、神仙境界。儒学讲求实际，有高度的社会责任感，关心社会生活与人际关系，重视道德伦理价值和治理国家的政治意义，这种思想反映到园林造景上就是治世境界。老庄思想讲求自然恬淡和炼养身心，以静观、直觉为务，以浪漫主义为审美观，艺术上表现为自然境界。佛、道两教追求涅与幻想成仙，园林造景上反映为神仙境界。治世境界多见于皇家苑囿，如圆明园四十景中约有一半属于治世境界，几乎包含了儒学的哲学、政治、经济、道德、伦理的全部内容。自然境界大半反映在文人园林之中，如宋代苏舜钦的沧浪亭、司马光的独乐园等。神仙境界则反映在皇家园林与寺庙园林中，如圆明园中的蓬岛瑶台、方壶胜境，青城山常道观的会仙桥，武当山南岩宫的飞升岩等。

第二节 中国古建筑照明设计的特点

一、从整体上塑造中国古建筑的夜景

中国古典建筑是在平面上完成它的布局组织，因而它的夜景塑造也应首先考虑平面上的安排，完成一个布置在平面上的建筑夜景。

通常我们所见到的现代建筑大多是三维塑像体式的形式，即建筑物是一个独立的实体，占据着一个空间，并且是这个空间的核心。这类建筑物的夜景设计就是要考虑如何将其塑造成一个完美的立体形象，对它的夜景形象的观赏，也是一览无余的方式，即站在建筑物前面合适的观赏位置，让建筑物全部映入视野中，可以一次性地完成对整个建筑夜景的观赏。

而中国古建筑则与此不同。它是将整个建筑划分成若干个小的单元，布置在平面上，通过这些单元的个体形态、互相之间的关系，以及排列次序，来形成一个完整的建筑。我们平日里经常见到的以屋顶、屋身、台基三段式构成的建筑单体并不是一个建筑的全部，而仅仅是整个建筑的组成部分。若干个建筑单体组合在一起，则构成了古建筑的基本单元——以庭院为核心的建筑基本单元。多个庭院按一定关系组合起来，形成了一个有机的建筑整体。我们在设计这样一个建筑整体的夜景时，就要分别对每个庭院进行照明，包括庭院夜景的立意、各单体形象的塑造、所选择的照明部位、照明亮度、色调方式等技术问题，同时要设计各个庭院夜景效果之间的关系和连接方式，做到使各个庭院的夜景能有机地组合成一个整体。

当观赏建筑夜景时，是从一个庭院走到下一个庭院，沿着一定的路线走完整个建筑群，观赏建筑整体的夜景全貌，所以，它是一个时间上的流动过程。要经过一个时间序列，按照夜景观排列的顺序依次观看景观的各个组成部分。针对这样的观赏形式和过程，夜景设

计就要和三维塑像体式的现代建筑有所区别，它更强调夜景气氛的营造，这是因为在行进中观赏某个阶段的夜景观时，观景人不仅要观赏品味所在空间中的景观，他还要和此前观看过的景观做对比，用前面观看过的景观所形成的印象为此时的观看做铺垫，而前面已看过的景观所留下的更多是灯光夜景综合而成的景观效果。

二、立面层次的照明塑造

塑造建筑立面的多个层次，目的就是让观赏者能很容易地感受到这几层立面的存在以及它们之间的相互关系。

中国古建筑立面上的三个层次由外向内，呈现由虚而实的变化。那么在塑造这几个层面的夜景效果时，也要相应地呼应这种变化，在夜景中体现出这种过渡关系。在每个层次上不论采用何种照明方式和手法，都要尽量强化这几个立面层次的个性差异以及它们在空间上的距离和相对关系。

在图 5-1 的示例中，通过空间中的散射光将建筑屋顶檐口的轮廓线予以表现，其实空间中的散射光对所有的建筑构件和照明对象都具有同等效果的展示作用。但由于檐口截面的断面构造，使得落在其上的光线形成了比较突出的效果，再加上截面上使用的黄绿色油彩对金属卤化物灯有较好的显色效果，因而就使得檐口截面所形成的轮廓线比较清晰明确。城台垛口是外层立面的下边缘，对它的照明表现也需要仔细地安排和认真对待。一方面是因为它是城台的边界，人们往往不太容易把它视为外层立面的组成部分。另一方面，由于它位置较高，在照明上也比较难处理。所以，只有根据被照明对象的具体情况，选择恰当的照明方式，才能把它作为外层立面的组成部分表现出来。在本图的示例中，通过强调垛口和檐口都具有齿状边缘的共同特点，可以建立呼应关系。垛口的照明是通过两部分灯光来完成的，第一部分是利用内层立面（门窗隔扇立面）照明所形成的明亮背景的反衬来形成适度的剪影效果，背景亮度的衬托突出了垛口边缘的外形廓线，另一部分照明灯光是在外侧较远的位置向墙面投光，以此来表现墙面和垛口的体积感和质感。同时，适度亮起来的垛口能够在颜色上和亮度上与廊柱的剪影效果形成区别，以便于将这两层立面区分开来，否则，若垛口和廊柱都采用彻底暗掉的剪影手法来处理的话，就无法感知两者之间的差异和空间距离，立面之间的层次感也就无法体现。对中间立面层次也就是廊柱立面的照明，主要采取的是剪影手法，柱头、额枋及斗拱的外观则是靠远距离处投来的较弱泛光来进行塑造的。其实这部分远距离泛光照明对廊柱及柱头构件具有相近的立面照度，但因为二者在颜色及反光性上的差异，使得廊柱的外立面显得更暗一些。内层门窗格扇立面的照明是效果最突出的一个层次，由于这个层次的立面在实体性上最为明显，再加上采取近距离的泛光照明，使得该层立面的夜景效果最为醒目，为整个立面建立了非常明亮的背景，同时，也有效地反衬了外边两个立面层次的效果。

图 5-1　用散射光表现建筑屋顶檐口

由此案例可以了解到关于单体建筑三个层次立面的夜景塑造的一些原则方法，其发挥了灯光照明的优势，具有到强化层次感的效果。由于中国古建筑特殊的构造形式，即屋顶出檐深远，屋檐往往将檐下构件盖住，同时也会把廊柱的上半部分遮挡在太阳光的阴影中。因而廊柱立面和门窗格扇立面一并被太阳的直射光照亮下半部分，而上半部分则是靠空间的散射光来照明的。这样，同样性质的太阳光线同时照射各层立面，常会让人觉得廊柱和门窗格扇这两个立面层次贴到了一起。而在夜晚的灯光景观塑造中，可将不同的灯光手法分别使用在不同层次的立面上，通过在照明亮度、光线性质（如直射光、漫射光等）、照明光色、正面照亮或背光剪影等方面的差别，各层立面上的照明效果差别增大，进而达到强化层次感的目的。

另外，还可以利用建筑构件的材质特点和颜色差异来增强效果。比如，白光照明城台垛口配合廊柱的剪影，或是黄光照明的廊柱配合城台垛口的剪影会有比较好的对比效果。但采用同样光色的照明来表现城台垛口和廊柱，则二者的对比效果就会弱一些，并有使建筑构件的表面颜色变得很不舒服的可能，如黄光照明灰墙会使其显得很脏，而高色温白光照明红漆廊柱则会使色调变得阴郁。

表现立面层次时，应在照明方式的选择方面进行认真考虑。比如，有时为了勾勒屋顶的外轮廓，在屋脊和檐口经常敷设线光源，靠这种线状发光体自身的亮度来体现屋顶边廓。使用这种手法来表现建筑时，人们看到的并不是建筑自身的形体，而是模拟了建筑形态曲线的光源。因而在一定程度上打破了由建筑形体和构件自身所形成的几个立面之间的关系，往往使得檐口边廓的亮度很高，把人们的注意力都吸引到檐口边线的这一层面，妨碍人们对其他立面层次和景观深度的感知。尤其是对于体型较大、立面细节丰富、很注重形体感和层次纵深感的中国古建筑，在使用亮线勾勒檐口时要格外慎重。

三、整体大面积投光照明塑造建筑形象

在通常的夜景照明设计中，一般都不主张采取远距离向建筑物进行整体投光来照明建筑立面的方式，因为这样做有可能使建筑物的夜景效果趋于平淡，无法塑造建筑上的细节

和由光影形成的层次，即使是中国古典建筑这种构造层次和构件细节丰富的对象，使用整体投光方式也会弱化立面层次和景观细节。但在图5-2的示例中，根据照明对象的具体情况，使用了整体投光的方式，获得了比较好的景观效果。

图 5-2　使用整体投光的建筑夜景

由此可见，任何一种照明方式都有其相应的特点和适应范围，关键是要认真地分析景观对象，发掘景观对象上最有特色的细节，然后选择那种能够将这种景观细节发扬光大、展现出景观魅力的照明方式。在本例中的古建筑上，城台的上部檐口有一层精致的汉白玉栏杆。建筑主体立面上，有两条由窗檐轮廓线连接而成的波浪形装饰线，建筑上的这几条线饰为立面增添了活力，是景观中有价值的元素。线条的颜色与墙面具有强烈的对比，保持并强化这种对比效果是夜景观的设计目标之一。建筑中段上的方形窗孔阵列显得严整肃穆，夹在其间的两条白色波浪线很有效地调剂了立面气氛，暗掉的孔洞让人联想到远去的历史，洁白的窗檐轮廓线又给人带来现实的亲近感。另外，孔洞、墙面和线饰在颜色上形成了良好的层次。综合所有这些特点，使用整体投光照明再现景观原有创意是最恰当的选择，任何夸大建筑构件光影或在墙面上创造新的光影的设计恐怕都不如用这样的照明手法维持建筑景观元素原来所具有的和谐关系更为合适。

在本案例中，通过对整个建筑物整体投光，墙面微微变亮，它在景观中适时地扮演了底景角色。灯光照明使孔洞变得更暗，白线更亮，暗色的方孔和亮色的连续波浪线形成鲜明的对比和良好的均衡关系。试想，如果再用灯光夸大波浪线饰的阴影或是孔洞内设灯点亮暗色的方孔，就会彻底打破原有的构图均衡，因而也就无法获得富有美感的夜景。此外，这种投光方式还使屋顶形成了浓重的阴影，通过阴影与立面夜景效果的对比，产生了强烈的视觉冲击，也给建筑夜景观增添了一点神秘的色彩。

经常会看到在一些古建筑附近举办特定的活动，比如，节日庆典、演出、游园、集会、庙会等。古建筑能赋予环境一种很特别的含意，为活动营造一个恰当的气氛。通常都要对古建筑进行相应的灯光装点，以古建筑的夜景形象作为所举办活动的"舞台"背景。此时，古建筑的角色有了变化，不再是作为观赏对象的核心景观，因此，其夜景形象的塑造也要进行相应的调整。由于是舞台的背景，所以，它的夜景形象不宜过于追求细节上的雕饰，而应强调宏观性和整体性，突出建筑上的主要特点。其照明亮度、灯光色调、观景视点等方面的选择也要围绕场地内所举办的活动来考虑。此外，围绕着古建筑，还要相应地设计一些临时性的灯饰景观，以便为活动营造一种适宜的气氛，因而，这些临时性灯饰景观需要和古建筑的夜景在照明效果构图、亮度、布局等方面形成有机配合。

　　图 5-3 是一座古建筑寺庙前的灯光场景，目的是在传统的节日里，要在此处举行一些庙会游园等活动。建筑物的照明选择了整体投光方式，通过简明的手法把建筑的主要特点进行了展示，建筑的整体形态给人们留下一个比较突出的印象，能够营造一个恰当的场所氛围。由于是节日期间的活动，所以临时性灯饰景观追求一种热烈的气氛，两个古建筑门楼之间搭起了祥云造型的灯饰景观，用串灯编织的帘形挂饰以及红色拱门悬挂的红灯笼等进行装饰，这些人工造景既和古建筑形成了很好的配合，又以各自的形态把整个空间环境的气氛做了充分的渲染。

图 5-3　古建筑寺庙前的灯光场景

四、利用古建筑的照明来塑造水体夜景

　　水体夜景的塑造有很多方式，每种方式都会形成不同的景观效果，营造出不同的景观意境。当河岸边有建筑物或构筑物存在时，通过对这些建、构筑物的照明，利用它们在水中形成的倒影来塑造水体夜景，是一种更有韵味的设计手法。同时，古建筑夜景的精致和精彩，借助水中倒影朦胧形态的衬托，会焕发出更迷人的魅力。

　　图 5-4 是位于河边的古城墙及古建筑角楼的夜景状况。利用古建筑的夜景塑造了水体景观，同时水体夜景又为建筑的夜景增添了活力并丰富了它的景观形态。由于水体是一个狭长的河道，所以沿河水岸边的建筑夜景布局就显得十分重要。做好整体的夜景布局，形成有重点、有过渡、有衬托的景观布置，才能使夜景显得既丰富又有层次，避免了狭长河道造成的景观单调。

图 5-4　位于河边的古城墙及古建筑角楼夜景

角楼是这个狭长的带状景观中的核心，在夜景效果上给予了充分的强调，使其在夜景的外轮廓、屋檐层次、屋脊上的饰件形态、门窗格扇立面亮度与屋顶亮度的对比等方面，都体现出鲜明的特点，无论是远观还是近看，它都能自然地成为视线的焦点。角楼夜景使用了暖色调的照明，形成与人亲近的效果，这更增加了它在观赏人心目中的分量。

城墙立面的照明使用了冷调光色，增添了一种怀古气氛，也使墙体的夜景效果产生了后退感，能适度地拓展河道的空间开敞性，明暗相间的光影使景观显得悠长深远。同时这种韵律化光影又为墙前边的树木剪影的形成提供了背景，树木剪影活跃了带状景观的气氛，丰富了景观层次，避免了狭长墙体上光影图案不断重复出现所造成的单调。而且，它对水中倒影的塑造也十分重要，由于树木对墙面灯光的遮挡，水面上连续的倒影灯光在此处产生变化，整齐的倒影由此而断开暗掉，使水岸边界在此处产生了模糊，这样既丰富了水岸边界的形态，也能产生水面拓宽的感觉。暗下去的水面让人感觉似乎其仍在延伸，由此可以提升狭长水道的可观赏性和景观内涵。

五、多种照明方式组合完成夜景塑造

中国古典建筑讲究和自然景观元素的配合。因此在夜晚景观的设计中，如果将建筑和树木水体等环境元素结合在一起考虑，利用它们在形态以及对灯光反映方面的差异，可以塑造出既有丰富形态又有良好整体感的夜景。

当多个景观元素结合在一起设计夜景时，也要对元素进行分析，确定主要元素、次要元素、背景元素，在此基础上构思整体景观的夜景形态以及各类元素的夜景形态，然后再选择恰当的照明手法进行各类夜景角色的塑造。这类综合性夜景观的设计重点是主景元素的表现，景观层次感的表现，以及整体性的完善。

图 5-5 中的夜景观以城墙上的角楼为核心，把城墙以及旁边的河亭作为主要的衬托性配景，将树木和水体作为用来丰富景观形态的调剂性元素。角楼作为整体景观中的核心元

素，其夜景要形成突出的效果。效果突出可以有许多的方式来实现，在本例中，针对中国古建筑三段式构成的特点以及角楼自身的独特性，采取了亮度对比和强调角楼各组成部分的构造特点的用光方法，以此来塑造角楼的核心角色。位于中段的屋身立面采用了比较亮的照明，以此来追求一种对视线的自然吸引，使人在对整体景观进行浏览的时候，能够很容易地把视线落到角楼上。角楼的屋顶采用了比较均匀且亮度适中的照明，不求光影的强化，希望以自然柔和的光线把屋顶丰富的层次、复杂的构件以及屋脊檐角上的精致雕饰忠实地再现出来。从角楼整体的夜景构成来看，屋顶、屋身立面、城墙三者之间形成了十分和谐的亮度对比关系，屋顶和城墙以较低的亮度衬托着中间明亮的屋身立面，越发衬托了屋身的醒目。同时，柔和的光线对屋顶复杂的构造做了有效的展示。退晕效果强烈的冷调灯光很好地塑造了墙体稳定古朴的形态。明亮的门窗格扇形成了良好的背景，反衬出城墙垛口的边缘轮廓，形成了精巧的剪影效果。这些有针对性的照明处理手法结合在一起，使得作为景观主角的角楼夜景既有足够的视觉分量，又有耐人观赏的细节图案，十分自然地成为景观中的核心。

图 5-5　以城墙上的角楼为核心的夜景

河亭的夜景主要是对檐下构件和柱子进行照明，形成檐下亮而屋顶暗的效果。把角楼和河亭的夜景进行对比，可以看到二者的屋身部分都被照亮，形成了呼应的效果，而屋顶则形成了一种强烈的对比，二者之间的联络及主从关系表现得十分清晰。

树木和水体夜景的加入使得整个景观产生了活力。利用灯光对墙面的照明，能很有效地反衬出树木的剪影效果。亮暗相间的墙面光斑使树木的夜景产生了丰富的形态变化，当背景墙面比较明亮时，位于其前面的树木剪影能令人品味到枝叶的外廓形貌。而位于墙面暗区前面的树木则隐身于阴影之中，在一片朦胧中留给人们以想象的空间。从另一个角度来看，树木的夜景也调剂了墙面的夜景效果，避免了整个墙体上简单的明暗相间照明效果的过于绵长而导致的单调感。此外，树木夜景也对作为主景的角楼夜景有所帮助。观赏位置恰当时，树木可以和角楼产生一定的重叠，或者说，树木对主景角楼形成一定的遮挡，这会使人联想到中国古建筑园林中的一种设计手法，即半遮半露让主景显得更有魅力。另外，树木夜景也增加了景观的层次和丰富了整体景观的形态。

水体夜景以另一种方式丰富了整体景观。水的夜景效果主要体现在倒影上，倒影是朦胧的、虚幻的、飘动的，它的这些特质与被照明的景观形成呼应和对比，虚与实、静与动、清晰与朦胧、正与反、景观的大小与倒影的长短等，所以在设计水边景观元素的灯光时，要时时考虑到还有一个水中的倒影也在同时形成。就是说当照明一个景观元素时，得到的是两个灯光景致。这就要求在设计整体夜景时，要对被照明元素的数量、位置、照明的面积、亮度、色彩、照明方向等进行统筹规划，使得被照明元素及其倒影共同形成的景观能够组成和谐的整体，避免产生诸如光元素过多、景观与倒影重叠干扰、过强的照明引起水面反射眩光等负面影响。

六、特殊屋顶的特别照明处理

屋顶是中国古建筑单体中的一个基本的组成部分，在建筑的形象构成中有着其独特的作用。当在远距离处观赏建筑群或者是城楼等构筑物时，屋顶显得十分突出，成为主要的构景要素。而在建筑附近观赏或是在庭院内部环顾时，屋顶往往不被注意。所以屋顶是否应设置照明以及如何进行照明设计，应视具体情况而定，有些建筑的屋顶夜景需要呈现精细的或是醒目的效果，以成为一个区域的标志性景观；有些屋顶只需少许的灯光点染，以便维持古建筑各个组成部分之间在形象上的均衡；还有一些建筑，不需要屋顶的照明，让屋顶暗掉，以使夜景照明的灯光效果集中在檐下的空间中，形成一种内敛的庭院景观氛围。

当屋顶的造型十分独特，或者是它在环境中特别突出时，就应该对它进行有效的照明塑造或特别的照明处理，使其成为环境中有影响力的景观。图5-6中的建筑是一座造型独特的城墙角楼，是一个具有极高审美价值的建筑精品，是值得精心塑造的景观对象。由于周边环境较暗，角楼良好的夜晚形象在区域环境中能够形成控制性的影响。由于角楼自身的构造复杂，因此远距离投光照明是比较恰当的照明方式，它有利于将建筑上复杂的构造和精细的装饰进行完整和到位的塑造。由实际的照明效果来看，远距离投光照明将角楼的多重屋檐、复杂的层次、屋脊的形式和关系、脊上的饰件、优美的建筑整体外轮廓都做出了有效的照明塑造和表现。和屋身相比，屋顶的体量比较大，视觉上很引人瞩目，如果采取在整个屋顶均匀布光的方式，则会使夜景效果显得很平淡。同时，这样做也会将屋顶的体量进一步夸大，会把本已很小的屋身立面压迫得更显渺小。再加上周边林木的遮挡，会产生只见屋顶没有屋身的感觉，这对景观的完整性塑造是不合适的。没有了屋身的托举，会显得建筑物很低矮，这与角楼本身所应具有的标志性地位和区域环境中的控制性角色不相符合。

图 5-6 造型独特的城墙角楼 1

应该认识到,角楼的屋身立面虽然占据的面积不大,但其夜景效果的醒目突出程度对增加建筑整体的高度感和视觉影响力具有重要的作用。如在图 5-7 中,由于屋身的照明效果突出,所以将建筑整体形态自然地抬高起来。而屋顶形态的细致表现会进一步提高角楼作为景观核心角色的地位。在这里,由于有很多周边环境元素参与构景,角楼屋顶只是众多景观元素中的一员。所以,完全可以对整个屋顶采取均匀布光的照明,这样既能比较细致地表现屋顶的构造和装饰,又能使角楼屋顶成为一个完整的构景元素来参与整体景观的构建。相反,如果屋顶上追求过多的光影效果,反倒破坏了这一景观元素作为个体的完整性,削弱了屋顶景观乃至角楼夜景在整个环境中的控制性地位。

图 5-7 造型独特的城墙角楼 2

反过来看,图 5-6 中的情况却与此有所不同。角楼周边没有其他的景观元素相伴,而且环境背景比较暗,角楼是整个景观环境中唯一被照亮的景观元素,此时若对屋顶均匀用光全部照亮,将会使其成为夜色中一个孤零零的亮点,与环境格格不入。

所以,在屋顶的照明中,采取了重点投光以强调最顶层屋面,对位于中间层的屋面则利用顶层照明产生的散射光来形成一种自然的过渡,而底层屋面则基本上用暗调的照明处理。这样,整个屋顶的三层屋面就产生了适度的明暗变化,屋顶自身也由此而成为既有整体上的明暗分布,又有由构件自身形成的细部光影的景观,使得景观的层次得以丰富,并且也和环境达成了融合。无论从整个环境的角度还是角楼自身出发都形成了具有观赏价值的景观。适时暗掉的屋顶局部也成了角楼景观与周边环境联络的桥梁,经这部分暗下去屋面的过渡,使角楼与其周边较暗的环境建立了友好的关系。

角楼底部的屋身立面采取了高亮度的照明,通过醒目的效果提升了屋身的地位。同时,明亮的屋身立面也和顶层屋面的强调性照明效果形成了上下的呼应关系,使角楼的夜景显得均衡。此外,屋身立面被位于其前边的树木遮挡了下半部分,这会给人带来想象的空间,认为有很大部分的屋身可能被遮挡了,由此感到屋身本来是很高大的。此外,明亮的屋身立面为这些树木形成了很好的背景,以此衬托树木枝叶的剪影边廓,使角楼的夜景观与环境元素形成了有意义的衔接。

七、不同的照明手法营造不同的景观意境

建筑的整体形貌和局部细节是夜景照明中需要着力表现的两个方面。一般在照明设计时,会根据建筑或环境的景观特点及夜景创意的要求,侧重于对某一方面的强调。有时,也会将两个方面结合在一起共同完成一个景观的塑造,这样做可以兼顾建筑整体形象的完善以及突出精彩的局部。

在图 5-8 的例子中,建筑的城台和屋顶都是大面积的单一形式。建筑表面很简洁,色彩单一、线条十分利索,没有额外的装饰,整个景观显得恢宏大气。退到内层的檐下构件和门窗格扇立面有极其精彩的细节和丰富的纹理构造。基于建筑的这种情况,在夜景照明的设计上,究竟是采取整体照明配合重点部位的局部强调,还是只对重点部位做单独的灯光塑造,图 5-8 为我们展示了两种照明效果的对比:位于正面和左侧的建筑采取了整体照明配合局部强调的方式,而位于右侧的建筑则是采取了单一的局部照明。从照明效果中可以看到,正面和左侧建筑上的整体照明采用了远距离的投光手法,由于光照强度控制得比较适当,使得柔和均匀的灯光只对建筑整体做出了概括性的表现,城台显现出大致的外貌,垛口和墙面在色彩质地上的差别得到恰当的展示。

图 5-8　不同照明手法的建筑夜景

同时，屋脊和屋面存在光照上的差异，使得脊面和檐口从较暗的背景中得以突出出来，构成了自然的屋顶边廓。强调性照明用在了檐下构件和门窗立面上，使之成为整个景观中的亮点，也展现了建筑上精彩的细节，使景观整体性和层次感得到兼顾。

右边的建筑则采取了只照明檐下构件和廊内立面的方式，形成了另外的一种景观效果。其照明处理是让屋顶及城台的形貌全部隐身于夜色背景中，单独亮起来的部分形成了十分独特的景观，产生了很强的视觉冲击。应该说，这样的照明效果是一种很有特色的选择，究竟选择哪一种照明手法来处理同样的被照对象，就要看建筑物处于什么样的周边环境，以及灯光景观的创意构思。如果建筑物位于城市的中心区域而且它与周边的环境有着密切的联系，应该说采取图中左边及正面建筑的照明处理手法更合适一些。一方面可以使建筑整体都得到照明表现，完整塑造的建筑夜景易于和环境和谐共处，另一方面夜景形象也有一种平易亲切感，让人乐于走近它，近距离地去观赏品味景观细部。如果建筑物位于一个相对隔离的空间里，如公园、园林或郊外等处，那么采用图中右侧建筑所使用的照明手法，可以塑造出一种很戏剧化的夜景效果，能营造一种独特的神秘氛围，在没有其他景观元素或环境灯光的影响下，能够很容易地将观赏者带入景观所营造的独特环境气氛中。

八、塑造建筑局部，追求景观新意

在建筑夜景设计中，通过对建筑上有特色的构件进行局部照明，往往能够获得有新意的效果，形成一种特殊的景观形态。挑选哪些建筑构件，采用什么方式的照明，希望达到何种景观效果，通常由设计师根据自己对建筑对象的分析理解、景观的定位、夜景的性质、环境的氛围要求等来进行构思和筹划。

图 5-9 中的建筑夜景选择了一、二层之间的一部分立面作为主要的照明对象，利用了两种色调的灯光分别照明属于两层建筑的墙面栏板和梁枋，比较有效地表现了立面构造的特点，也对两层建筑的立面差异进行了区分，从夜景效果上看，体现出了一定的新意。在二层建筑的立面上，利用栏板上的局部照明所产生的散射光对门窗边框和檐下柱头进行了适度的表现，形成了一定的明暗层次。底层建筑立面的照明，除了重点表现梁枋和悬柱之外，还利用余光对地面的踏步和台基边缘进行了照明，通过上下之间的呼应，完成了外层建筑立面的表现。比较遗憾的是，建筑的内层立面未能够亮起来，建筑似乎是悬在空中，让人感觉不舒服，同时，也无法让人了解底层建筑究竟是什么样子的，因而也就难以对这个景观产生亲切感。底层建筑是和人最为接近的地方，理应塑造得更明亮更温馨一些，其实，只需将廊内屋顶的灯光适度点亮，再配合一些室内照明形成的内透光，就可以达到这样的要求，同时又能让建筑的整体夜景形成上层下层比较均衡的效果。

图5-9　二层建筑夜景

九、屋顶的轮廓照明结合立面照明

用轮廓照明塑造中国古建筑的屋顶边廓是一种常用的方法。由于很多古建筑的体量都不大，高度也有限，而屋顶的边廓又有着很耐看的曲线，所以，用线形光源勾勒屋脊和檐口边线常能获得比较好的效果。轮廓照明有点像绘画中的白描手法，用它来塑造中国古建筑能使夜景效果显得淡雅简洁，很符合大众的审美口味，因而常常被拿来使用。

在亭廊水榭等园林建筑以及一些小型民居的屋顶上使用轮廓照明进行勾边，可以得到这些建筑物顶部的一个大致轮廓。如果在建筑立面上再进行适当的照明点缀，并在某些景观细部略加强调，就可能得到一个很有味道的夜景。但如果仅仅是对屋顶做勾边照明，建筑的其他部分不做任何的照明表现，那么这样的景观显然是残缺的。虽然在夜景照明的设计理念中存在着用灯光重塑建筑形象的选择，但前提是所设计的夜景形象应该是完整的，应该让人知道这个被照明对象的概貌，这样才能获得一种认同。

图5-10是一组由亭子、长廊和民房组成的景观，其照明采取了轮廓照明勾勒屋顶边廓的做法，表现出了屋顶的曲线和建筑群的高低错落，但是建筑的屋身和基座都没有进行照明，让人搞不清景观对象到底是个什么样子。尽管亭廊一类建筑的屋身部分都比较通透虚空，但也并非无物可塑，那些柱子、檐下梁枋、座椅、围栏、踏步都可以作为照明表现的对象，经巧妙的灯光点缀可以获得有味道的夜景，而且这类建筑本身就是供人们休息消闲的地方。如果建筑内部设计了适宜的灯光，不仅能给在远处赏景的人们提供一个好的景观，还能使景观有亲和力，人们也会乐于走近它、使用它。其实，坐在亭廊中休息的人们本身也构成了一道活的风景，这道风景与建筑夜景结合在一起，会令人感受到一个既有建筑构图美感又充满活力和生机的夜景观。

图 5-10　屋顶的轮廓照明结合立面照明的夜景 1

　　如果一座古建筑的夜景是给远处的人们观看，并且又希望它能够体现出建筑的特点时，保持建筑景观的完整性就显得至关重要，屋顶和屋身的照明塑造都不可缺少。在图 5-11 的一组建筑中，位于左边的建筑夜景只对屋身立面设计了照明，其屋顶则暗掉。右边的建筑则对屋顶屋身都进行了照明表现，两者相比较，自会看出哪一种表现方法更有利于景观完整性的塑造以及特点的保持。

图 5-11　屋顶的轮廓照明结合立面照明的夜景 2

　　由该例中还可以看到一点，当屋顶设置了轮廓照明后，屋顶轮廓的概括性描述与屋身立面的细致表现构成了一种对比和衬托的关系，二者的有机配合，使整个建筑夜景显得疏密有致、浓淡相宜，反观只设计了立面照明的左边建筑，则显得其夜景效果很单调，也缺乏层次。

　　此外，当使用屋顶轮廓照明配合屋身立面照明来塑造古建筑夜景时，立面照明形式的选取以及如何设置照明，还需结合建筑的形体体量、立面特点、功能、建筑地点及环境等因素来进行统筹考虑。比如，图 5-10 的建筑，作为一座二层高度的商业性建筑，其夜景塑造的目的除了展示建筑形象之外，还要让人们关注店面景观以及店内活动，以期引起人们的兴趣，达到进店消费的目的。因此店前立面的照明和店内灯光的外透要进行综合考虑。该建筑一层立面主要是利用窗口的内透光来形成景观效果，其设计思路具有合理的一面，底层店前有往来的行人，不设计外投光一类的照明，可以避免景观灯光对行人的干扰，室内灯光透出显出了建筑的亲和性，店内的活动场景自然地透出窗外能产生最有效的吸引力，比较欠缺的一点是店前空间中的灯光过弱，使店前的活动和店内人对店外的观望受到了限制。建筑的二层使用了外投光结合窗口内透光的照明方式，显得比较亮，由于二层居于较高的位置，设计稍强一点的照明亮度可以让远处的人们更容易看到它。但该例中外投光形式选择了整个墙面投光的方式，使得外墙的照明与窗口内透光形成了冲突，二者同时亮起后，整个立面显得缺乏层次，没有景观深度。过亮的外墙面灯光也妨碍了人们更有效地关注室内景观。其实，建筑外墙面和窗口之间也是一种图底的关系，设计灯光时，也需要考虑二者之间的呼应和衬托。因此，如果希望将建筑二层立面的夜景效果做得既显著又合理，除了要让室内灯光适时地透出之外，还应在建筑外立面的一些构件上设计一些点缀性装饰性的灯光，通过一些有组织的局部灯光图案来烘托配合窗口透出的室内灯光。这样，既可以提高二层立面夜景的显著性，又能使此局部的景观核心地位得以突出和强调。同时，立面上分散设置的照明可以避免过高的立面整体亮度，使立面照明的效果便于和屋顶的轮廓照明形成协调。

室内灯光的设计也要考虑室外的需求，因为它是为室内的人群活动提供照明的，同时透出窗口的灯光又是建筑夜景的一个组成部分。

图5-12是一个由屋顶的轮廓照明与屋身立面的泛光照明相配合塑造建筑夜景的案例。该例的建筑夜景设计中对门窗格扇、廊柱、栏杆、柱头局部、檐下构件等立面元素都进行了细致的照明塑造，使得立面上的纹理细节、诸构件的色彩和形态、雕饰彩绘的内容都得到了充分的表现。整个立面的夜景效果既有精致的细部，又有良好的整体感。在这样的前提下，如何处理屋面的照明就成为一个值得考虑的问题了。由于这是一座政府机关的办公建筑，地位很高，理应对建筑整体进行全面的照明，以求通过整体上的亮度来追求恢宏的气势。但如果屋面亮起来之后，整个建筑上的明暗布局就会改变，景观中的关注重心也会相应变化，结果会导致檐下立面上的精彩夜景效果被冲淡，因而景观整体上的艺术感染力也会降低。在该案例中选择了暗掉屋面的方式，只是用点状光源对屋顶的外廓进行勾边处理，获得了比较理想的效果，两层暗下去的屋面形成了两条暗带，对整体上比较明亮的景观形成了调剂，使夜景画面产生了良好的层次，并且对立面上精致的照明效果形成有效的衬托。同时，轮廓灯中的光点有一点微弱的闪光效果，这使得景观的气氛得以强化。

图5-12　屋顶的轮廓照明结合立面照明的夜景3

其实屋面上虽然没有设计专门的投光照明，但其也并非是漆黑一片。由立面照明产生的散射光使屋面上的琉璃瓦纹理有一定程度的显现，另外，轮廓灯也会对屋面有一定的照明作用，在光点附近的瓦面上会形成一定的光晕，这种非刻意的照明对屋面亮度的补充使其景观效果显得更自然。

第三节 中国古建筑不同位置的照明

一、城台的夜景

中国古建筑城楼基座（即城台）是一种独特的景观，它的夜景塑造也是值得认真考虑的。城台上折线形的坡道踏步是城台重要的组成部分。一方面，城台的立面构图主要靠它来完成，它使得原本简单的几何体外形变得丰富起来，增加了城台的景观效果。另一方面，城台踏步拉近了人和城楼之间的关系，让人感觉到能够很方便地登上城楼，城台上的坡道踏步还使得城楼产生了向地面匍匐延伸的趋势，这也增加了人与城台的亲近感。所以城台夜景的塑造中，坡道踏步是重点的表现对象。

从城台立面的外观来看，坡道踏步的形态、走向及层次主要靠扶手栏杆来体现，因而，用灯光照明处理好栏杆的形态对城台夜景的完善有重要的影响。

在图 5-13 中，城台坡道旁的扶手栏杆是典型中国古建筑制式的造型，汉白玉材质使其在色泽质地上与灰色的墙面形成了明显的反差。因此通过对墙面和栏杆统一用光就可以让栏杆突显出来，同时，也能对栏杆的形态和细部做出比较细致的表现。从对其所进行的远距离整体投光照明的实际效果来看，在均匀的光照下，作为踏步坡道边缘轮廓线的白色栏杆十分自然地从墙面的背景中突显出来，以一种相对平和的手法塑造了栏杆，同时又达到了突出城台景观特色的目的。这种照明处理方式能够完整地展示墙体立面和栏杆的相互关系，对栏杆在建筑上的位置以及栏杆自身的构造特点进行了完整的表现，使得城台上这一精彩的构件得到了真实而全面的塑造。如果在该案例中采取按不同坡道层次设置局部照明、通过强化光影退晕的照明方式来塑造城台立面夜景的话，虽然各个坡道之间的层次感会有所加强，但同时也会打破墙体和栏杆之间原有的和谐关系，改变栏杆在景观中的地位和作用，这会使得特点十分鲜明的栏杆无法展现其精致的神韵，此外，由于栏杆位于坡道围墙的顶端，局部照明不容易使栏杆的立面获得一致的夜景效果，这样就会破坏栏杆的延续性，也会改变坡道边缘轮廓线原有的优美形态。

图 5-13　城台夜景 1

　　图 5-14 中城台夜景的塑造则体现了另一种效果的追求。该案例中，城台上踏步坡道的围墙上也有一道栏杆，但栏杆的形式十分简单，在照明表现时不容易获得特别突出的景观效果。所以，城台夜景的塑造重点转而放在了强调各层坡道的层次上。其照明方式是在每层坡道的围墙表面分别设置局部照明，通过灯光在墙面上强烈的退晕效果，将各层坡道围墙立面的空间距离感表现得非常明晰，强烈的光影对比也使得城台的夜景效果显得十分醒目，从而达到了重塑形象的目的。

图 5-14　城台夜景 2

二、建筑入口的门楼夜景

　　在图 5-15 中，建筑的入口前加了一个仿古建筑形式的门楼，其作用或许是增加入口的标志性，吸引人们的视线，进而吸引人们走进建筑。基于门楼这样的作用，在整个建筑的夜景照明中，门楼形象的塑造无疑是一个重点，同时，还要把握住门楼内部的建筑入口应成为视觉焦点这一设计宗旨。

图5-15 建筑入口的门楼夜景1

由于建筑入口位于门楼的内部，为了使入口得到强调，需要在檐下立面和门楼内部设计更有吸引力的照明效果。如果从亮度方面来看，应该形成从外向内的亮度梯度，也就是按照建筑外观、门楼外观、门楼内部、建筑室内的顺序形成照明亮度逐步递增的关系，只有这样才可能做到把人们的视线有效地吸引到建筑入口，进而达到走进建筑的目的。当人们观看建筑夜景时，如果遍观建筑之后却不能把视线聚焦在门楼入口上，或者是注意到了门楼却对门楼的内部乃至建筑入口没有兴趣，那么这样的景观灯光设计无论如何也不能算是一个成功的设计。

在本例中对建筑外墙立面设计了高亮度的泛光照明，意在强调建筑的整体形象。但是建筑形象的过分强化使得门楼的形象受到了压迫，进而削弱了门楼作为入口标志的作用。作为一个建筑，确实要在夜景中体现出一个完整的形象，以便提供一个良好的景观。同时，门楼和入口也需要予以足够的强调，这既是对建筑整体景观的进一步完善，也是建筑自身功能的需要，如何协调好这一关系，是建筑夜景设计师应该认真权衡的问题。就本例来说，由于建筑的立面比较简单平淡，没必要一定要让墙面亮起来。若为了给位居街道尺度范围的观看提供一个完整的夜景形象，可以将照明设计的重点放在塑造建筑的顶部和外廓等部位，而建筑的其余部分立面则应适度暗下来，以便为门楼夜景效果的突出提供一个良好的背景环境。对门楼自身的照明来说，由于屋檐很短，没必要非得要让屋面亮起来，强求这类屋面亮起来的结果往往是由于灯具设备的暴露而影响了景观，或者是产生恼人的眩光，此外，像这类很短的屋面即使亮起来也不具有什么景观的美感。

从整体形象和入口景观效果的角度来看夜景设计，完全可以让门楼的屋顶表面暗下去，而将门楼的檐下构件和门楼内的建筑入口作为夜景塑造的重点。就门楼的夜景设计而言，让门楼内部的照明亮度高于门楼外立面是一条基本的要求。在门楼外立面上，牌匾是照明的重点，应通过照明设计使其成为门楼景观的焦点。同时，利用适中的照明亮度表现檐下的梁枋悬柱，使之形成对牌匾的衬托。门楼内部的照明应予以进一步加强，而且门楼内的建筑墙面上不应产生阴影，否则就会造成景观构图的混乱，也无法使整体景观形成从外向内的亮度递增关系。昏暗的门楼内部以及墙面上凌乱的光影图案是不具有什么吸引力的，因而门楼的夜景也就达不到它应有的目的。

图5-16是建筑门楼照明的另一个例子。建筑主体立面照明通过一些明暗条纹来形成夜景效果，檐口轮廓则利用小射灯的泛光照明和顶部光点阵列形成的轮廓照明进行了强调，这样使得建筑夜景既有自身的特点，又能成为区域环境中有影响力的景观。建筑立面上并不张扬的照明亮度为突出门厅的夜景效果创造了条件，门楼两侧的树木灯光也进行了低调处理，没有设置多余的照明，只是让背景墙面上的照明灯光从树木枝叶间隐约透出，既以特殊的景观形态调剂了夜景气氛，又通过对其背后建筑墙面的遮挡，使门楼的景观地位得以突出。

图5-16　建筑入口的门楼夜景2

门楼的照明也显得十分别致，廊内设计了明亮的暖色光，醒目的效果起到了聚焦景观的作用。门楼外立面没有配置任何照明，保持了自然的暗色调，通过廊内灯光和背后建筑立面上的照明对门楼的外形轮廓进行了有效的表现，产生了类似于剪影的效果。门楼外立面的这种低调处理还可起到协调建筑立面照明和廊内照明两部分景观的作用，避免了两者在照明效果和灯光色调上的冲突。

三、仿古建筑牌楼的夜景

在建筑设计阶段把灯光照明考虑进来是做好建筑夜景设计的有效途径，既能获得良好的照明效果，又便于照明设备的安装隐藏。特别是中国古建筑，由于其独特的构造形式，很难找到合适的灯具安装位置，因而往往使得照明效果大打折扣，有时暴露的灯具设施还会影响建筑的白天景观观赏性，但是在一些仿古建筑或者复建的古建筑中，经过统筹考虑，有可能协调好照明效果和设备安装之间的矛盾关系。图5-17是一例仿古建筑牌楼的夜景，它对解决这一问题进行了一些尝试，应该说这种尝试本身具有非常积极的意义，也获得了一定的效果。白天看上去为一座古色古香的牌楼，当夜晚建筑上的一些构件内灯光亮起，便形成了别样的形态，给人一种新奇感。但是还应该看到，建筑的景观照明不仅是要让它在夜晚亮起来，还应让它亮得合理，亮得有美感，从这样的角度来看，对哪些构件进行照明、采取什么样的方式让它亮起来、要追求一种什么样的夜景效果，都是需要进行认真考虑和构思的，在本例的照明中，采用了一种内透光的方式，这是很值得商榷的，这些具有透光性的部件多由化学合成材料制作，相比于古建筑的木结构材料，光学特性上有很大的不同。在白天，太阳光从外边照射到这类仿古部件上，看上去还算比较自然，但到了晚上，一旦灯光从内部亮起，并从构件中透出，就会使建筑物显出一种虚假的形象，使人们失去对它的尊重。

图 5-17　仿古建筑牌楼的夜景

其实，即使是仿古建筑，其夜景效果也应遵循真实古建筑的美学追求。在古建筑夜景照明中总结出来且行之有效的设计方法，以及最能代表中国古建筑形态美感的夜景形象，也完全适用于那些仿古建筑，因而也应成为仿古建筑夜景照明设计的原则和目标。区别就在于仿古建筑在设计制作阶段就可以考虑照明的配置，可以事先将灯具设施隐藏在建筑的构件之中，这更有利于夜景效果的完善并保持建筑景观的完整。比如，在中国古建筑中，屋檐下的斗拱因其精妙的构造和复杂的层次，而经常成为夜景塑造中重点的表现对象，并且其夜景效果也因精致的光影和有序的纹理而呈现出迷人的魅力。同样，在仿古建筑的夜景塑造中，这斗拱依然应该成为重点的照明对象，而且由于斗拱下边的梁枋具有合适的位置和空间，因而能够成为照明斗拱灯具的理想藏身之地。就本例来说，梁枋可以做成空腔的形式，其外表面的底面和侧面采用不透光材料，顶部表面留出一些透光孔，让梁枋内部灯具的光线从孔中射出，照明位于其上边的斗拱和屋檐边线，以这种方式形成的光影效果不会受到任何因灯具设备暴露而产生的干扰，因而使得夜景观更为纯净。

案例分析

古建筑景观照明设计——暖泉古镇

1.项目简介

蔚县古称蔚州，位于河北省西北部，历史悠久。暖泉是蔚县的重镇，于明代兴起，由西古堡、北官堡、中小堡三部分构成，三堡首尾相连，唇齿相依，共同构成了坚固的防御力量。

古建筑作为历史的沉积被世代保留下来，成为现代人类最伟大的财富。由于历史的沿革和技术的局限性，照明多以传统热光源为主，如白炽灯、卤素灯等，也有节能灯等气体放电光源。热光源的红外辐射对受照面造成热损伤，而气体放电光源的紫外线泄漏产生的光化学反应对古建筑的伤害尤为严重。

现代化进程的不断深入，对古建筑的夜景亮化方面也提出了更高的要求，既要体现古建筑景观美、文化艺术内涵，又要保护其原有特点，尽可能地展现其历史风貌。具有现代元素的 LED 诞生后，无疑填补了这项空白。在古建筑照明亮化中，LED 显示出无与伦比的优势。

2. 设计原则

照明设计首先要让 LED 灯具能更好地融于古建筑景观之中，使用的灯具必须能够满足其原有的功能，因此在进行照明设计时，必须遵守以下原则：

（1）保护和利用原则。把保护的范围从狭义的物质文化保护扩展到广义的物质文化与精神文化的双重保护，并在总结前人古建筑照明研究的基础上架构一个有效的、规范的设计框架。古建筑照明既要达到展示其古建筑的风采，体现古建筑的文化艺术内涵，又不能损伤古建筑，达到保护和利用古建筑的双重要求。

（2）不改变古建筑原状的原则。中国古代建筑是中国乃至世界文化的瑰宝，保护原貌是对文化最崇高的尊重。在不破坏建筑结构的前提下，避免明装管线，尽量保证灯具光源的接口与原照明接口一致。

（3）按标准设计的原则。照明的照度或亮度、光源的红外线和紫外线的含量、照射时间以及光源的颜色参数等均需按标准进行设计，可以根据具体情况适度调整，满足实际应用要求。

（4）绿色环保的原则。必须采用节能环保、寿命长、无污染的灯具。

（5）严格管理的原则。必须考虑照明设施维护管理方法及措施。

3. 灯具选择

照明设计应根据古建筑的特征，使用局部投光、轮廓灯、内透灯或综合使用多种照明设计方法，以更好地表现古建筑的历史文化艺术内涵。根据古建筑场所特点，其外景照明的照度或亮度不宜过高过亮，如选择单色调时，光源的发光色温多选择 2700~4000 K 的暖色。瓦楞内采用小体积窄角度的投光灯，立面采用大功率 LED 投射灯（见图 5-18、图 5-19）。

图 5-18　小体积窄角度投光灯　　　　图 5-19　大功率 LED 投射灯

项目夜景效果见图 5-20。

图 5-20 暖泉古镇魁星阁

第六章　照明光源对古建筑的影响

第一节　照明光源对古建筑中木材物质的影响

一、木材物质成分构成与受照明变化机理

木材的主要化学成分是三种有机高分子聚合物，即纤维素、半纤维素、木质素，它们占木材干重的 97%~99%。除此之外，木材中还含有少量低分子有机物和无机物。受光照影响的主要是三种有机高聚物。

纤维素是碳（C）、氢（H）、氧（O）的化合物，它是由许多个 D-葡萄糖基联结而成的线状高分子化合物。其分子式为（$C_6H_{10}O_5$）n，式中 n 为葡萄糖基数目，称为聚合度，一般测得高等植物纤维素的聚合度为 7000~15000。聚合度的大小受纤维强度的直接影响，聚合度越大，分子量越大，即分子链越长，纤维的机械性能越强。

纤维素在常温下是很稳定的，随着温度的升高，其抗拉强度也相应降低。在高温、光照和氧存在时，会发生氧化反应，使纤维素生成氧化纤维素。纤维素的化学性质与半纤维素和木质素相比还是比较稳定的。

半纤维素是由植物细胞组成的，属于多聚糖分子的混合物，包括多聚戊糖、多聚乙糖、多聚葡萄糖，以及 β 和 α 纤维素。其分子含有 200~500 个半纤维素糖基，在纤维素和木质素之间起联结作用。它与纤维素的区别在于，纤维素为线性高聚物，而半纤维素是含有短侧键的多聚糖。故其化学性质较纤维素活泼。纤维素为单一多聚糖，半纤维素由两种以上糖基组成，在外界光、热、酸、碱的作用下，皆可脂化、醋化、氧化、降解和水解。

木质素具有芳香族的特性，是一种含有碳、氢、氧的化合物。根据化学分析木质素中含有以下官能团，即甲氧基、醇羟基、羧基等。由于木质素中含有各种官能团，其化学性质比较活泼，因此木质素最容易氧化，尤其在光照、高温和碱存在下，氧化更为迅速。

上述结论是在有关纸质文物的照明保护研究中得出的。

紫外线若浸透到木质基层表面或内部（波长越短的光量子穿透力越强，等级低的建筑也有不做油饰或只刷生桐油的情况），会对纤维素、半纤维素、木质素等高聚物产生化学作用，从而影响木构件的力学性能和耐久性。

红外热辐射导致的温度变化使木材发生热胀缩，虽然是微小的，但热胀缩产生的温度应力仍会影响木构件的力学性能和耐久性。

木材使用前已经过干燥处理，含水率较恒定（8%~12%），再者木质基层外部有油饰彩画层隔绝外部湿传递，故内部含湿变化很小，影响可以忽略。

二、光源和灯具对古建筑物的安全影响

应用现代景观照明技术对木构古建筑进行照明，从景观的角度分析，照明的主要部位是古建筑的屋顶、梁柱、窗格、斗拱结构以及室内装修的油漆画等。根据不同部位和不同照明效果，景观照明应在灯具和光源上充分考虑对古建筑的安全影响。由上述木构古建筑特点可知景观照明对木构古建筑的安全影响是较大的。笔者从以下几个方面进行分析。

1. 灯具安装方式的影响

木构古建筑的柱、梁和墙体等都是木质材料。景观照明要对这些结构进行突出照明，就要考虑灯具的安装方式。古建筑历史悠久，一些结构和材料都有不同程度的腐蚀。如何保护木构古建筑的梁、柱等的结构主体材料不被破坏，是在选择照明灯具安装方式时需要考虑的重点。灯具采用螺栓直接固定在建筑物结构上，安装闸定螺栓将损害建筑材料，破坏建筑结构，同时也会破坏木材表面油漆防腐层，空气、水汽将进入建筑木材深部，加速木材的老化和腐蚀。

2. 光源和温度的影响

光源和温度对木构古建筑的安全影响主要指古建筑的结构安全和防火安全。从上述古建筑特点分析看，防火是古建筑的重中之重。木质材料在大功率光源的照射下，如距离较近，大量热量炙烤木质材料，时间一长会将木质材料烤焦，引起燃烧，发生火灾。

光源照射在建筑物构件的接合部位，由于受照面接收的热量是不均匀的，对木质材料产生不同的热胀冷缩效应，长期周而复始，接合部位将发生松动，造成结构不牢固。同时温度越高，木材等有机材料变质老化的速度越快；而景观照明不是稳定的、长时间的照明，从而造成温度的急速变化，反复的热胀冷缩易使文物材质弹性疲乏，镶嵌装饰或接合部位容易松脱。此外，在高温条件下，亦会增强霉虫菌类的活性，促使其繁殖，进而危害木构古建筑。

另外，木结构建筑的梁柱框架，需要在其木材表面施加油漆等防腐措施，在其建筑构件上绘制建筑油饰、彩画。采用现代人工照明的方式，光线直接照射到古建筑的梁柱、斗拱、窗格的彩画上，由于光线中含有紫外线和红外线，在长时间的照射下，被照物温度升高，过高的温度会加速进行化学反应，造成油漆褪色、粉化、开裂、卷皮、脱落，影响古建筑的使用寿命。

各种光源对建筑油饰、彩画的影响程度比较如表6-1所示。

表 6-1　各种光源对建筑油饰、彩画的影响程度比较

被照对象	影响后果	各种光源影响程度比较
彩画	褪色、变色、光泽度降低	LED 光源 < 高压钠灯 < 荧光灯 < 卤钨灯 < 金卤灯 < 白炽灯
油饰	褪色、变色、光泽度降低	LED 光源 < 荧光灯 < 高压钠灯 < 金卤灯 < 卤钨灯 < 白炽灯

通过上述分析，为能更好地保护木构古建筑物，延续它的寿命，在对其进行现代景观照明改造时，应充分注意灯具的安装方式、光源和灯具选型。任何灯具都不应直接安装在木构古建筑的构件上，应采取防破坏措施。灯具选择应从尺寸、重量、安装方式以及安全防护等级方面考虑，结合安装部位和照明对象来选择。选择尺寸小、重量轻、安装方便的灯具。光源选择应从光源的色温、辐射热量、显色性、光效、功率等方面考虑。选择冷光源、热量辐射少、紫外线辐射量少、红外线辐射量少、显色性好、光效高、功率较小的光源。

第二节　照明光源对古建筑中油饰彩画的影响

在雄伟壮丽的建筑物上施以鲜艳的色彩，取得豪华富丽的装饰效果，是中国古代建筑的重要特征之一。油饰彩画就是建筑艺术在使用和装饰方面相结合的卓越成就。建筑油饰彩画艺术在我国有着悠久的历史和卓越的艺术成就，是中国古建筑民族风格的一个重要标志。

通过夜景照明，可以展现和升华博大精深的文化内涵和艺术成就，使其融入现代城市夜景观环境。然而现阶段我国古建筑园林景观照明实践工程中存在着若干问题，其中一点便是照明对古建筑表皮油饰彩画造成了不利影响。

一、古建筑油饰彩画颜料分析

要研究照明对古建筑彩画的影响，首先要从彩画的颜料分析入手。

秦汉时期的矿物颜料品种较少，选制也不精密。南北朝时期，植物颜料中增添了南海等地运来的藤黄、紫铆、槐花等新品种。银朱、铅丹、铅粉等化学无机颜料已广泛应用。胶的制造水平有所提高并开始用矾。

魏晋南北朝时期的彩画颜料以青色最为突出，石青品种很多而且质地优良，其中以空青及曾青为最佳。空青属于盐基性碳酸铜，产自蓝铜矿。东晋顾恺之的《画云台山记》中有"凡天及水色，尽用空青"一句，说明当时常用空青作画。曾青产于蜀中及西昌，常与空青同出一山。曾青在唐代亦称"蔚蓝"，"蔚"即河北蔚县一带，在当时盛产曾青。

魏晋南北朝时期称石绿为"绿青"或"碧青"，其中以呈结核状的蛤蟆背为上品。

作为青绿两色的对比色，有朱砂、银朱、铅丹、土红、捆脂等。朱砂以湖南的辰砂最为著名，质地优良的朱砂状如芙蓉。

银朱又叫"紫粉霜"或"猩红"，呈略暗于朱砂的玫瑰红色，色调极为优美。它由水银加石膏脂制成，分子式与朱砂相同，但后者是天然生成的。

铅丹是用铅、硫黄、硝石为原料，经高温合成的铜红色粉末，色调纯净而均细，便于调配。用来调配朱砂与银朱的捆脂，原来是用红蓝花汁制成的。魏晋南北朝时期又出现了紫铆制造的"胡捆脂"。紫铆又名"紫胶"，产自南海一带，是紫胶虫寄生在藤类树木上的分泌物，呈浓而鲜的紫红色。

褐红或棕红的颜料有土红，土红有棕红、暗红等多种，产地多而且价格低廉。

黄色有雄黄、雌黄、藤黄等。雄黄与雌黄皆为三硫化二砷，两者相伴生在红毗石中，不用于绘画仅用于彩画。藤黄产在南海一带的海藤树上，是一种树脂。

白色有铅粉，属于矿物颜料。铅粉是用来画国画的专用颜料。

胶是重要黏合剂和调色剂。早在汉代就有阿胶之说，"阿"指山东东阿。唐代不仅用牛、驴的皮筋熬胶，还用鹿的筋角熬胶，制胶技术已很发达。北魏敦煌石窟、隋唐彩画都是用优质的清胶画成的。

经过分析不同基质上（木基质、壁画）油饰彩画颜料式样，我们发现颜料成分具有明显的规律和特点。依照这种特点，我们把油饰彩画颜料划分为三个时期，即早期，包括十六国、北魏、西魏和北周；中期，包括隋、唐和五代；晚期，包括宋、元、明、清。各个时期油饰彩画颜料分析结果如表 6-2 所示。

表 6-2　各个时期油饰彩画颜料分析

时期	朝代	颜料	含量
早期	十六国北魏西魏北周	红色	大量土红，极少量朱砂，朱砂＋铅丹极少量，土红＋铅丹极少量
		蓝色	大量青金石，少量石青
		绿色	大量氯铜矿，少量石绿
		棕黑色	主要为二氧化铅，其次是四氧化三铅
		白色	主要为高岭土，其次是滑石，少量方解石、云母和石膏
中期	隋唐五代	红色	主要为朱砂，其次是铅丹，少量土红、朱砂＋铅丹、土红＋铅丹
		蓝色	主要为石青和青金石
		绿色	主要为石绿，其次为氯铜矿
		棕黑色	大量二氧化铅，极少量四氧化三铅
		白色	主要为方解石，其次是滑石、高岭土、云母、石膏，极少量氯铅矿和硫酸铅矿

时期	朝代	颜料	含量
晚期	宋元明清	红色	主要为土红，其次是土红＋铅丹、朱砂＋铅丹，少量雄黄＋铅丹
		蓝色	主要为群青（人造青金石），少量石青
		绿色	绝大量为氯铜矿
		棕黑色	主要为二氧化铅，少量二氧化铅和四氧化三铅，极少量铁黑
		白色	主要为石膏，其次是方解石，少量滑石、云母、氯铅矿和硫酸钙镁石

二、古建筑油饰彩画常见的老化形态

1. 褪色

中国古建筑油饰彩画中最常见的老化形态就是褪色，原因包括光照中短波辐射的氧化作用、大气环境和降尘中相应化学成分的作用等，褪色的实质是颜色物质的变质和丧失，表观上表现为泛白、发灰，程度严重的则露出地仗底色。褪色到一定程度油饰彩画表面色泽均匀度会逐渐降低，严重影响油饰彩画整体的视觉美感。

图 6-1 为古建筑油饰彩画褪色前后对比。

图 6-1　古建筑油饰彩画褪色前后对比

2. 粉化

粉化主要对油饰表面而言，长期的日光照射和环境气候变化引起的化学物理作用等因素使漆皮表面光泽度降低，主要是桐油等油质成分丧失，表面光反射特性发生变化，镜面反射降低，均匀漫反射提高，视觉效果变得暗涩。

如图 6-2 为古建筑油饰彩画粉化的前后对比。

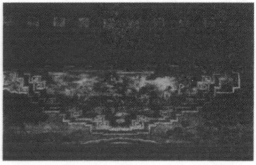

图 6-2　古建筑油饰彩画粉化的前后对比

3. 开裂、卷皮、脱落

长波热辐射的长期循环作用，会使油饰彩画层、地仗层和木质基层产生温度应力作用，各层的引力应变不同，久而久之，表面就会出现开裂、油皮卷起、脱落等现象。一旦破损将严重影响油饰彩画乃至整个古建筑及其环境的美感和意境，这对于油饰彩画来说是最不能接受的破坏影响。

上述油饰彩画的常见老化形态除受光照辐射因素（天然光和人工照明）影响外，还受到环境气候的影响，诸如空气温湿度、风霜雨雪等极端天气状况、空气中酸碱度、化学成分浓度含量、降尘等因素，并且这些因素有时会凸显为主要因素。但是光照是长期稳定循环的因素，其他因素可变性和偶然性的成分更多一些。应该强调的是，我们的研究目的就是看光照因素到底能对油饰彩画产生多大程度的影响，这种影响相对于室外环境综合因素的影响权重或程度有多大，以便于我们在"古建筑照明"和"古建筑保护"两者的矛盾统一中取得科学的平衡。

三、油饰彩画的物质成分构成与受光照的性质及变化机理

中国古建筑构件木质基层之上的油饰彩画构造层为地仗灰层（多层）＋色油层（多层）或颜料层。地仗灰层的物质构成有桐油、土籽灰、樟丹粉、面粉、猪血、麻丝、麻布，色油层的物质构成有桐油、白苏籽油、土籽粒、密陀僧粉、铅粉、各色颜料（大量使用的是矿物质颜料），彩画中除颜料外还有水胶（广胶或骨胶掺水混合而得）。其中桐油、白苏籽油、面粉、猪血、麻丝、麻布和植物质颜料、骨胶等均为天然有机物质，在光照作用下，受到各种光谱成分辐射（尤其是紫外光及可见光短波辐射和红外光及可见光长波辐射）易发生光化学反应和热作用，物质结构受到破坏，从而改变油饰彩画本来的面貌，使其发黄变脆，褪色老化，影响其视觉效果和维护寿命。

桐油，主要成分是桐油酸的甘油酯，并含有少量的油酸和亚油酸的甘油酶，桐油酸的分子结构为 $CH_3（CH_2）_3CH＝CHCH＝CHCH＝CH（CH_2）_7COOH$，桐油呈黄棕色，结膜干燥迅速，坚固不粘，能耐水、耐碱、耐光和耐大气腐蚀。

紫苏油，又称"荏油""荏胡麻"，是由白苏子（含油 35%~45%）所得的干性油。

藤黄，色明黄。南方热带林中的海藤树，常绿乔木，茎高达 20 m，从其树皮凿孔，流出黄色树脂，以竹筒承接，干透可作颜料。

捆脂，色暗红，是用红蓝花、茜草、紫梗三种植物制成的颜料，年代久则有褪色的现象。

花青，色藏青。用大蓝的叶子制成蓝靛，再提炼出来，可制成青色颜料，呈蓝绿色或藏蓝色，用途相当广，可调藤黄成草绿或嫩绿色。

以上构造材料层的物质组成是我国明清古建筑油饰彩画工程中用到的配料。现代仿古木建筑及古建筑维修工程中所用配料已发生相当大的变化，如传统地仗灰材料中的面粉和猪血由羧甲基纤维素、聚醋酸乙烯乳液等人工聚合物代替；颜料的使用范围也大大扩展，各种有机无机、天然或人工合成的颜料物质广泛应用于现代油漆工业。但是这些物质中的高分子聚合物成分的存在仍然会导致油饰彩画层受到持续光照而发生氧化作用和老化作用。

加强油饰彩画层自身耐光性尤其是抗紫外红外性是削弱光照影响的有效途径之一，如表面罩以透明性耐光保护油层，吸收紫外和红外辐射。

除了苏式彩画中有机颜料和地仗灰、色油层配料中的高分子聚合物外，和玺彩画和旋子彩画中各色常用无机矿物质颜料物质成分的光照特性（耐光特性）也关系到老化褪色的程度。

①红。银朱，主要成分 HgS，朱红色，色彩鲜明，经久不褪色，有毒；铁红，俗称"广红""红土子"，化学成分 Fe_2O_3，耐光性强，红中略带黑，不够鲜艳。

②蓝。佛青，耐光性好，耐高温，不易与其他颜色发生化学反应，经久不褪色。由硫、纯碱、高岭土及碳、硅藻土或石英粉等烧成的蓝颜料，即群青。多用于斗拱、梁枋彩画中。

铁蓝，又称"华蓝"或"普鲁士蓝"，是一种常用的深颜料，化学成分不一致，主要是亚铁氧化铁微细晶体，着色力高，耐光性强，耐弱酸，不耐碱，一般用于画白活的彩画中。

③黄。铅铬黄，俗称"铬黄"，彩画中使用量较大的一种黄色，主要成分是铬酸铅 $PbCrO_4$。耐光性差，在阳光下颜色变暗；有毒。

④绿。巴黎绿，偏亚砷酸铜和乙酸铜形成的复盐，是一种优良的进口绿色颜料，化学成分为 $Cu(CHC_3OO)2 \cdot 3Cu(AsO_2)_2$。耐光性和覆盖力好，但遇湿气易变色，毒性极大。

铅铬绿，由铅铬黄和铁蓝混合而成，是一种具有优良遮盖力和着色力的颜料，色彩鲜艳。深浅可依铅铬黄和铁蓝的比例而改变。

⑤白。锌钡白，商品名称"立德粉"，是硫化锌和硫酸钡的混合物（30% 的 ZnS，70% 的 $BaSO_4$）。覆盖力强，在白色颜料中仅次于钛白粉。耐光性较钛白差，在阳光下易粉化和变色，由自变暗。

⑥黑。烟子，又称"松烟"，主要化学成分是碳元素。成品粒子较炭黑粗，色带蓝，黑度、遮盖力和着色力均稍次于炭黑。

四、光照对油饰彩画的影响

（一）光谱组成

人工光源的光谱成分按照波长由短到长可分为紫外线部分（10 ~400 nm）、可见光部分（380 ~780 nm）、红外线部分（700 nm~0.1 mm）。对古建筑表皮油饰彩画等产生影响的光谱成分主要是紫外线及可见光短波部分和红外线及可见光长波部分，前者主要通过光化学氧化反应破坏古建筑表皮油饰彩画，后者主要通过光热辐射热作用灼烤老化古建筑木构件和油饰彩画。可见光谱颜色、波长及范围见表6-3。

表6-3　可见光谱颜色、波长及范围

颜色	波长（nm）	范围（nm）
红	700	640~750
橙	620	600~640
黄	580	550~600
绿	510	480~550
蓝	470	450~480
紫	420	400~450

（二）紫外辐射

紫外辐射按波长不同可分为近紫外辐射 NUV（又称 A 波段，NV-A），波长范围在 400 ~320 nm；中紫外辐射 MUV（又称 B 波段，UV-B），波长范围在 320 ~280 nm；远紫外辐射 FUV（又称 C 波段，UV-C），波长范围在 280 ~200 nm；极远紫外辐射 VUV（又称 D 波段或真空紫外辐射，UV-D），波长范围在 200 ~10 nm。

光的微粒称为"光子"，每一个光子都有一定的能量。紫外线是由许多光量子组成的，每个光量子都具有一定的能量，不同波长的光量子的能量不同。波长越短，光子能量越大。紫外线的光量子能量比可见光的光量子能量大。紫外线所具有的能量为 314~419 kJ/mol，大部分聚合物自动氧化反应的活化能量为 42~167 kJ/mol，各种化学键离解能为 167~418 kJ/mol（如有机化合物中最常见的 C-H 共价键，一个 C-H 共价键键能为 416.5 kJ/mol），因此紫外线所具有的能量足以破坏聚合物的化学键，引发自动氧化反应造成老化降解。

现代油漆（如汽车、舰船的表面上涂刷的油漆），特别是底漆主要以氯丁橡胶、双醋树脂或者环氧树脂为主要原料，这些树脂和橡胶类的高聚物在阳光的紫外线照射下很容易老化变脆，致使油漆脱落。古建筑油饰彩画中使用的油漆、颜料中也含有有机物、高分子物质等，它们在紫外辐射的作用下将发生光化学氧化反应，改变物质化学结构，从而改变物质表观物理性质（包括颜色）。因此，理论上讲古建筑景观照明中选用的光源灯具应尽量不含有或少含有紫外辐射。

（三）红外辐射

与可见光相比，红外线的波长范围更大。可见光的最长波长是最短波长的两倍，而红外线的最长波长是最短波长的十倍。整个红外波段通常分为两个区，即 $0.7 \sim 25\mu m$ 的近红外区和 $25 \sim 1000\mu m$ 的远红外区。也有人分为三个区，即近红外区（$0.7 \sim 3\mu m$）、中红外区（$3 \sim 30\mu m$）和远红外区（$30 \sim 1000\mu m$）。

红外辐射是热射线，携带有大量热能。红外热辐射使得油饰彩画层和内部木质材料层产生温度变化，温度变化越剧烈，产生的温度应力越大，热胀缩作用越强，同时会导致彩画颜料软化。古建筑景观照明使木质构件每天在固定时间段接受人工光照，因此将构成表面和内部温度应力的循环变化。这些作用过程对油饰彩画层而言，可能产生表面出现裂纹，进而卷皮、脱落的结果；对木质基层内部而言，可能使木质机理疏松变形（微小的），从而降低构件的承载力和缩短使用寿命。因此，理论上讲古建筑照明中选用的光源灯具应尽量少含有红外辐射。

五、对古建筑油饰彩画的保护措施

（一）主动式防护

对古建筑油饰彩画的保护应从照明光源和灯具两方面考虑，在所有的照明中，红外线和紫外线对油饰彩画的影响较明显，红外辐射可以使油饰彩画泛白、漂白，彩度降低，紫外辐射可以使油饰彩画变暗、发乌，明度降低。因此应尽量选用温度低，不含紫外辐射、红外辐射或少含的灯具。

①针对红外线：采用浸涂法、真空蒸镀法或化学蒸镀法，在石英泡壳上采用红外反射层技术制式的新型卤钨灯，让可见光透过，而将红外线反射回灯丝，使灯的发光效率提高 $30\% \sim 45\%$，也控制了红外线的透过量。

②针对紫外线：同样可以将已有的吸收紫外线辐射的透明涂料，应用于照明工具外壳，就能制成无紫外线辐射的环保型灯管。

此外，根据半导体二氧化铁电极的光催化作用，可以将它应用到古建筑的灯具上，半导体二氧化铁电极在紫外线照射下的光催化作用，可有效地分解有机物，并可将它用于水和空气的净化处理。我们可以在灯具出光口上的平板防护玻璃上镀二氧化钛光催化涂层，在平板玻璃上镀二氧化钛光催化涂层的工艺比较容易。

③研究和推广新型光源，环保荧光灯紫外波段部分很少，非常适合古建筑夜景照明。

④采用装有紫外线和红外线滤色镜的灯具，但采取这种措施时需考虑到的问题是：在滤掉红外线和紫外线的同时还会滤掉一部分红色和蓝色系列的可见光，所以，被照物品的

颜色会略带黄绿色或因颜色关系而看起来带有灰色，这需要根据被照物品的具体特征有选择性地采用。

1. 适合于中国古建筑照明的光源与灯具

光源和灯具的选择是中国古典建筑景观照明技术层面的基本问题。中国古典建筑的特殊性质（材料、造型、耐久性等），决定了中国古典建筑景观照明对光源和灯具的要求。

安全性。中国古典建筑构架多为木质材料结构，因而其照明光源和灯具应具有良好的防火性能，运行稳定。同时灯具的安装固定不能破坏古建筑木质表面和内部，线路管线的布置宜隐蔽暗装，电气线路要穿金属管保护等。

小型化。中国古典建筑优美的空间造型使得任何尺寸较大的常规灯具都成为昼景和夜景中有碍观瞻的视觉因素，因而光源、灯具的小型化对提高其环境适应性具有重要作用。

高效性。高效性包括灯具的高光效、长寿命、易更换维护等特性。这是符合中国古典建筑特殊性要求的，同时也是绿色照明的发展要求。

下面笔者介绍一些适合于中国古典建筑景观照明的光源和灯具。

（1）聚合物发光光纤

光纤照明作为一种特殊的传导光能的形式，近年来被广泛应用。光纤照明系统一般由光发生器和光纤组成，通过光发生器不同光源发出的光线经过光纤传递到需要照明的地方，安全可靠，具有其他照明方式不可替代的优势。这种"光电分离"的方式非常适合中国古建筑木质材料的防火、安全要求。

目前在照明工程中使用的光纤材料主要有塑料光纤、玻璃光纤。根据光通分布不同，光纤照明分为侧面发光光纤、端部发光光纤。光发生器的光源可根据光色要求任意选择金属卤化物灯、高压钠灯、荧光灯等各种高光效光源。

光纤照明在中国古典建筑景观照明中具有以下优点。

光纤照明安全性高。发光部分与电源分离设置，使发光部分不怕雨淋，并且无紫外和红外辐射，不会对彩画等产生氧化褪色或灼烤木质表面等损害。

灵活应用其线状或点状光通分布的特点。侧面发光光纤可用于屋顶轮廓照明和屋面瓦楞的照明，塑料光纤可自由弯曲、固定；端部发光光纤可用于点光源阵列排布，如门窗隔扇、栏杆柱头等处。

（2）微型卤素投光灯

微型卤素投光灯广泛应用于室内重点照明，如商场中名牌商品、博物馆中的展品等的重点照明。在古建筑景观照明中非常适合于对斗拱的表现，将微型卤素投光灯置于每个斗拱之间排成一列，由下向上投光，可表现出斗拱的丰富造型；也适合于屋顶瓦屋面泛光照明，在檐口上方等间距（根据单灯光束角控制范围确定间距）排列布置微型卤素投光灯，由下向上投光，不形成眩光，表现力强。

微型卤素投光具有以下优点。

①低压供电、安全性高：工作电压 12 V，属于低压安全电压。

②体型微小、布置灵活：微型卤素投光灯直径仅 5 cm，因此在建筑夜晚景观视场中视觉隐蔽性好。体型微小带来的好处是灯具布置方便灵活，易于贴近建筑细部构件重点刻画。

③效率较高：微型卤素投光灯的光效达 50 lm/W，功率范围为 10~75 W，光束角范围 7°～60°，寿命在 3000~5000 小时。

（3）地埋式投光灯

地埋式投光灯实际上是将光源隐藏于地下，光通由下向上照射被照对象的一种照明方式。地埋式投光灯的光源可以是金属卤化物灯、高压钠灯、卤素灯等各种类型的光源，甚至可以方便地设置混光。

根据光源距离被照实体界面或物体的远近，可分为低角度擦射方式（适用于粗糙质感的墙面的设计）、洗墙式照明方式（适合于表面平整的漫反射墙面）、整体泛光照明方式（适合于对建筑物整体立面的设计）等几种形式。

地埋式投光灯适合于中国古典建筑景观照明的特点。

①光源隐蔽、安全可靠。

由于光源埋于地坪以下，因此其隐蔽性和防眩光效果很好；同时线路也埋于地下，照明系统的可靠性和安全性高，不受外界自然风雨侵蚀和人为破坏，耐久性好；地面以上没有任何线路障碍，整洁美观。

地埋式投光灯不与古建筑木质构件发生任何接触，因此不会对古建筑造成损伤；同时灯具在设计时可采取防紫外成分的措施，防止人工光源中的紫外成分对古建筑表面的氧化褪色破坏。

②光源灯具可灵活选用、适应性强。

可根据具体古建筑环境的不同，选用不同光色的光源和不同光束角的灯具，可用于古建筑的侧墙和后墙及围墙的照明、台基须弥座的照明、檐柱柱列和柱廊空间的照明、建筑整体泛光照明等多种情况。

灯具和光源不是中国古典建筑景观照明表达的主体，但是其选择和设计得当与否却直接影响到最终的景观光环境效果，因此对灯具和光源在中国古典建筑景观照明中的适用性进行研究具有重要意义，它承接着光源灯具设计制造领域和建筑景观照明领域两者的联系。

2. 小功率 LED 灯具的应用研究

目前，在国内的古建筑夜景照明工程中都大量使用高功率的高压气体放电灯和卤钨灯等。这不仅造成能耗的过多浪费，而且往往将过多的光投射于夜空中，形成光污染，甚至还会对古建筑造成不可逆的损坏。在 1999 年完成的天安门城楼屋顶照明中使用的是 100w 的 Par20 卤钨灯，由于灯具表面温度较高（80℃），灯具又离琉璃瓦很近，致使灯具周围的琉璃瓦被烤裂，造成瓦面不同程度的损坏。不仅如此，来自电光源的紫外线伤害，更加速了古建筑外观的损坏程度。而 LED 作为新兴的节能灯具，有着广阔的发展前景。

（1）LED 光源的优点

对古建筑照明来说，相对于其他的电光源，小功率的 LED 主要有以下八个方面的优点。

一是寿命长。LED 光源理论寿命可达 10 万小时，实际应用寿命为 40000~50000 小时，寿终时光衰为初始的 50%，整个寿命期内光通量稳定。这对于古建筑来说尤为重要，相对于 5000~8000 小时的节能灯、12000~20000 小时的金属卤化物灯、15000~20000 小时的高压钠灯，它的使用寿命是最长的，不需要频繁更换灯具，可大大减少对古建筑的破坏。

二是体积小。LED 的晶片面积一般为 0.09 m^2，由于光源本身的体积不大，可灵活设计成各种小型灯具（点状、线带状、投光型）。因为每个单元 LED 小片是毫米级的立方体或倒棱台体，所以可以封装制成各种形状的灯具器件，获得各种不同光通分布（点、线、投光），更加便于隐藏，以达到"见光不见灯"的设计效果，不仅能较好地满足无眩光干扰的设计要求，而且白天灯具的外形也不会影响古建筑的外观，可适应中国木构古建筑不同构件部位的照明表现需要，如屋顶脊线、檐口线的线型轮廓光照明，屋面和斗拱的贴近式投光照明，栏板侧向泛光照明，栏杆柱头的点光源阵列排布照明等。

三是节能。常规的小型投光灯的功率一般都在 70 W 左右，而 LED 灯的功率一般在 0.03~1 W，通过集群方式可以满足各种造型的需要，不会形成光污染，是真正的绿色光源，虽然功率不大，但光效很高，其中白色的 LED，近年已达到 30 lm/W，其光效优于白炽灯，尤其适宜用在古建照明中需要采用近投光的部位。

四是安全。LED 单体工作电压为 1.5~5 V，工作电流为 20~40 mA，人体直接接触也没有危险，并且由于灯体采用环氧树脂封装，抗机械冲击、震动能力较强，且无纳等有害物质，可以回收。

五是重量轻。我们设计的新型 LED 条形灯具每米只有 200 g 重，这对于灯具的安装来说非常有利，不需要在古建筑墙体或木结构上使用拉结构件，安装简易方便，还避免了对古建筑造成较大破坏。

六是没有紫外光和红外光。由于其光谱中无紫外线和红外线，故无热量和辐射损失，不会对古建筑及其生态环境造成伤害。这是非常重要的一点，因白光 LED 发光原理较荧光灯、金卤灯简单，故其光谱分布曲线十分简单，通过对其光谱分布曲线的分析可知波长在 397 nm 以下的紫外辐射及 770 nm 以上的红外辐射分布几乎为零，也就是说其无紫外辐射及红外辐射的存在，因此从古建筑保护和生态环境保护角度考虑，小功率 LED 比其他常用光源更为适宜。白光 LED 与一般常用光源的性能比较如表 6-4 所示。

表 6-4　白光 LED 与几种常见光源性能比较

种类	功率（w）	总光通（lm）	显色指数（Ra）	色温（K）	光成分（%）			寿命（h）	价格（¥）
					紫外	可见	红外		
金属卤化物灯	150	13500	8095	4200	3.5	33	10	10000	160
高压钠灯	150	14000	2039	2000	0.2	32	25	10000	284
卤钨灯	150	2500	98100	2800	—	8	65	2000	9.9
白光 LED 灯	144*	2160*	7085	4500	—	100	—	10000	8

七是独立成型。由于每枚 LED 灯体的配光曲线在封装的过程中就已经完成，所以不需要再用反光碗来解决这方面的问题，简化了灯具的设计工序，也减小了灯具的体积。

八是因为单色 LED 光源是由半导体 PN 结自身发光产生色彩的，因此色质品质高，选择性好（单色性强），颜色纯正（纯度高）、浓厚（彩度高）。白光 LED 光源发光原理有两种：一种是将红、绿、蓝三原色的三种半导体材料小片封装在一起，构成白色 LED，其光色品质同单色 LED 光源相似；另一种是蓝色 LED 光源激发外管表面的黄色荧光粉或三基色荧光粉发光，其光色品质与荧光灯相似，表面亮度低、光色柔和。因此，可以说 LED 光源的光色品质特性丰富而各有特色，适合于中国木构古建筑不同表现部位和光效的要求。如果将 LED 光源与太阳能电池组合，省去电源和连接线路将会使 LED 在中国木构古建筑景观照明中的应用更加安全、灵活和方便。由于光源启动速度快，色彩纯度高，需要彩色光时，其固有的色彩又避免了白光经过滤色的费时费力和耗能，尤其针对一些需要变色的设计方案，它的这个优势非常突出。

不仅如此，它在颜色种类、发光效率和性价比上都还有上升的空间，因此 LED 被认为是 21 世纪的照明新光源，是继白炽灯、荧光灯和高强度气体放电灯之后的第四代光源。

（2）自主开发适合古建筑照明用 LED 灯具

由于研究对象是小功率的 LED 灯，其照明亮度相比之下肯定比大功率的高压气体放电灯和卤钨灯要低，但是由于古建筑的照明与商业建筑的照明不同，它的背景亮度一般都比较低，尤其是位于古典园林中的传统建筑，在整体光环境都很低的背景下也就没有必要采用城市光环境中的亮度标准。现在虽然出现了大功率的 LED 灯，但它不仅造价成本过高，还存在散热问题，因此想要近距离安设大功率的 LED 灯具，如果不加设散热装置，就会对古建筑造成损害。这些缺陷都大大影响了其技术的推广。而小功率的 LED 灯对于现阶段的景观照明来说是较为实用的，因为相对于功能照明，景观照明的亮度和照度都较低，小功率的 LED 灯不仅价格较低，而且节能。在对古建筑照明的研究过程中，针对其夜景照明的相关要求，天津大学建筑学院建筑技术科学研究所设计研制了几种 LED 灯具，下面就是对这几种灯具的介绍。

①微型投光灯。

微型投光灯整体尺寸很小，最大直径为 3 cm，长度为 4 cm。它的光源可按要求容纳五个 LED 灯体，实验灯体每个的功率为 0.05 W，每个灯内可以安装 1~5 个灯头，总功率在 0.25 W 以内。如果对照度的要求比较高，就可以选择多个 LED 灯体照明。光源的光色有黄色、白色、红色、绿色四种选择。

小功率的 LED 灯的热量损耗只有很少的一部分，灯体的温度也较低，所以对于其最近的照射距离没有限定。同时将灯体分为窄光束角和宽光束角两种，这是针对不同的照射距离来设定的。配置窄光束角灯体的投光灯适宜于较远距离的投光（40 cm <灯源与被照物体间的距离≤ 3 m），因为这样能让更多的有效光投射到被照物体上，减少逸散光；配置宽光束角灯体的投光灯适宜于近距离投光（灯源与被照物体间的距离≤ 40 cm），因为这样可以避免在被照物体上形成光斑，同时还提高了被照物表面光照均匀度。

这种灯具可以用于古建筑的细部照明，如角柱上斗拱的照明、花窗的照明、古建屋脊尤其是攒尖类屋顶的照明等。由于体积小、好固定、方向易调节等优点，其对于古建筑上需要通过照明来强调的部分非常合适。

②钉帽灯。

中国古建筑中屋面瓦按材质分为琉璃瓦和布瓦两种。面瓦按用途又分为筒瓦和板瓦。古建筑用瓦也分等级，黄色琉璃瓦为最高等级，只能用于皇室和庙宇；绿色次之，布筒瓦又次之，一般民众只能使用布板瓦。琉璃瓦屋面一般都设有钉帽，布瓦则没有。

我们研制了两款类型的灯具分别针对不同的类型。对于已经安设有钉帽的琉璃瓦屋面来说，可以把设计的钉帽灯去掉外面的玻璃灯罩，而将内部的反光罩和 LED 灯体组合在一起，并将它们做防水防震处理，然后安装在钉帽的后方，这样可以达到相同的照明效果。没有安装钉帽的屋面就再增加一个钉帽状的透明外壳，其样式、大小都与古建筑上的琉璃瓦钉帽相同，外壳材料采用透明材料制作，我们现阶段采用的是玻璃制品，朝檐口处局部磨砂，里面放置微型投光灯。

（二）被动式防护

被动式防护即从油饰彩画本身制作工艺、所用颜料、添加保护层等方面考虑。将化学方法引入文物保护中已经有三四十年的历史了，近几年更有了飞速发展，化学在文物保护中的应用主要是通过分析文物的化学成分、结构，探索文物的裂变机理，为文物的科学保护提供技术数据和有效防护。化学方法已经在秦俑彩绘保护研究中取得成功，解决了以生漆为底层的彩绘陶质文物保护这一世界性的技术难题，同样也对古建彩绘的研究与保护有极大的借鉴价值。

1. 木基质油饰彩画的化学保护

传统技术使用胶矾水和桐油进行封护，胶矾水强度有限，桐油会使彩画变暗并带有光泽。现常用的高分子封护材料有聚乙烯醇、聚醋酸乙烯乳液混合剂、聚甲基丙烯酸丁酯、甲基丙烯酸乙酯与丙烯酸酯的共聚物（B-72）、聚乙烯醇缩丁醛等。

防止油饰彩画老化的最有效办法，是在封护材料中添加适量的紫外线吸收剂。紫外线吸收剂能强烈地吸收高能量的紫外线，并进行能量的转换，以热的形式把能量放出，从而保护高分子材料免受紫外线的破坏。

现常用的紫外线吸收剂主要是UV-9。新出现的UV-P、UV-5411、UV-328等紫外线吸收剂具有高效、低毒、低用量又能强烈地吸收紫外光线的特点，还具有耐高温、高稳定性、低挥发度、对金属离子不敏感和在碱性条件下不变黄、耐油、耐洗涤等特性而更适于添加在封护材料中使用。

油漆和颜料中使用紫外线吸收剂和受阻胺光稳定剂可以达到最大的保光性能。和紫外线吸收剂不一样，受阻胺光稳定剂既可以作为抗氧剂又可以作为主要净化剂来保护表面。大量阻滞抗体纳米级颗粒的二氧化钛（达到5%）的引用不会影响油漆的透明度，而且颜料的稳定性非常好。受阻胺光稳定剂是第四代，也是迄今最新、最有效的光稳定剂，其稳定效果比紫外吸收性高出两倍，并且与许多不饱和树脂具有良好的相容性，使用范围十分广泛。

2. 地仗层加固

根据油饰彩画的制作工艺，在其地仗层同颜料层之间添加黏结剂，可以减缓颜料颗粒的脱落，但在强烈光照下的可行性，需实验确定。

对于黏结剂的选择，我们可以参照常熟彩衣堂彩绘保护工程的经验。彩衣堂彩绘加固材料经多次实验筛选，实验使用的加固剂有B-72、桐油、水溶性有机硅、聚乙烯醇缩丁醛。桐油和聚乙烯醇缩丁醛使彩绘表面发黑严重，水溶性有机硅在木材表面出现粉化物，没有加固强度。上述三种加固剂都不适合彩衣堂彩绘加固，最后确定以目前世界上常用的彩画保护材料B-72高分子材料为主，在实际使用中，根据彩衣堂彩绘的特殊性，加固配方经过研究调整，必须保证达到以下目的：

①彩绘经加固后，彩绘的色彩不能有任何改变；

②加固处理不能在彩绘的表面形成反光膜；

③加固剂必须有较好的渗透性和较强的联结力；

④加固材料必须具有良好的耐光和热老化性能，同时具有抗污染（如灰尘等）的能力。

3. 古建筑油饰彩画颜料与纳米技术结合

将纳米材料应用于涂料领域，可分为两种情况：一是将纳米微粒分散于传统颜料后得到纳米复合颜料；二是完全由纳米粒子组成的纳米涂层材料。前者主要利用纳米微粒的抗紫外线、光催化等性能对传统涂料改进从而提高涂料的某些性能，目前的研究大多集中在该领域。

自然光和人工照明光源中的紫外光线是造成颜料老化的主要原因之一。古建筑油漆彩画颜料大多数延续了传统的工艺，有机物内的细菌会导致恶臭和油污。实验证明，纳米二氧化铁有很强的杀菌能力。在阳光尤其是紫外线的照射下，二氧化铁能自行产生自由移动的带负电的电子和带正电的空穴，空穴生成的原子氧能与细菌内的有机物反应，杀死细菌。

纳米涂料不仅有杀菌功能，同时也能大大延缓其在使用环境中的老化。根据光量子理论，光波波长越短，光量子所具有的能量越大，在 290~400 nm 范围的紫外光所具有的光能量一般高于高分子链上各种化学键断裂所需的能量。普通二氧化铁的粒径一般为 200~300 nm，它对整个可见光谱都具有同等程度的强度反射和散射，因此呈现白色，遮盖力很强。而超细二氧化铁的粒径只有普通二氧化铁粒径的 1/10，这些二氧化铁晶体的光学性能服从瑞利光散射理论，可透过可见光和散射波长更短的紫外线，它具有强烈吸收紫外线的特性，在全部紫外光区都具有紫外线滤除能力，纳米二氧化铁可作为一种良好的永久性紫外线吸收剂，用于配制耐久型外用透明面漆，也可用于文物保护等众多领域。

此外，平均颗粒尺度 10 nm 的二氧化硅颗粒具有更多的界面反射性能，纯二氧化硅的 Si—O 键的截止吸收边界在 200 nm 以下，因此纳米二氧化硅的界面反射特性使其对紫外线和可见光的反射率在 80%~85%，将其添加到高分子材料中可显著提高材料的抗老化性能。

纳米技术的应用是对传统颜料工艺有效的发展和保护，在提高抗老化性能的同时，也大大降低了修缮频率，减少了庞大的修葺支出，使古建筑维修阶段被人为破坏的概率降到最低。

上面笔者根据人工光照对油饰彩画的影响机理而提出了一些防护油饰彩画的措施，但是每项措施的具体实施及其是否可行，都有待进一步的研究和实验验证。同时，油饰彩画的修复是一项耗资巨大的工程，出于对油饰彩画的保护选用以上所说的可行灯具必然增加大笔开支，如何在这两者中寻求一个最佳的平衡点，也就是具体采用主动式防护还是被动式防护，需要经过具体的计算，从而选择最经济的防护措施。

参考文献

[1] 塞奇·罗塞尔.建筑照明设计 [M].宋佳音，译.天津：天津大学出版社，2017.

[2] 蔡裕康，宋金海.古建筑电气装置与火灾预防 [M].北京：中国建筑工业出版社，2004.

[3] 夏明颖，暴伟，朱晓东，等.LED 在景观照明中的设计及应用 [M].北京：中国水利水电出版社，2015.

[4] 李铁楠.景观照明创意和设计 [M].北京：机械工业出版社，2005.

[5] 马剑，阚跃，刘刚，等.颐和园古典园林夜景照明技术研究 [M].天津：天津大学出版社，2009.

[6] 刘涛，郭向民，朱永杰.建筑声光电设计 [M].武汉：华中科技大学出版社，2018.

[7] 张越，韩明清，李太和，等.光环境规划与设计 [M].杭州：浙江大学出版社，2012.

[8] 方光辉，薛国祥.实用建筑照明设计手册 [M].长沙：湖南科学技术出版社，2015.

[9] 李文华.建筑与景观照明设计 [M].北京：中国水利水电出版社，2014.

[10] 易焕.绿色照明与建筑照明节能设计 [J].绿色环保建材，2017（8）.

[11] 胡珊珊.中国古建筑照明设计的艺术化处理——以西安大唐芙蓉园为例 [J].中国民族博览，2015（3）.

[12] 李旭佳.中国古建筑夜景照明设计及技术 [D].天津：天津大学，2007.

[13] 荣新春.中国古建筑外部空间照明设计与应用研究 [D].沈阳：沈阳航空航天大学，2013.

[14] 王天鹏.人工光照对中国古建筑油饰彩画影响的初步研究 [D].天津：天津大学，2006.